W. v. Göthe
nach der Natur gezeichnet am Tage
seiner Beerdigung 1832

Goethes naturwissenschaftliches Denken und Wirken

Drei Aufsätze

herausgegeben von der Schriftleitung
der Zeitschrift
Die Naturwissenschaften

Mit einem Bild

Berlin
Verlag von Julius Springer
1932

ISBN-13: 978-3-642-93873-3 e-ISBN-13: 978-3-642-94273-0
DOI: 10.1007/978-3-642-94273-0

Inhaltsverzeichnis.

Goethes Vorahnungen kommender naturwissenschaftlicher Ideen[1].

Von H. von Helmholtz.

Es ist eine schöne Sitte der Goethe-Gesellschaft, daß sie den Vertretern der verschiedensten Richtungen wissenschaftlicher und literarischer Tätigkeit Gelegenheit gibt, die Beziehungen ihrer eigenen Gedankenkreise zu denen des unvergleichlichen Mannes darzulegen, dessen zurückgebliebene Spuren sie aufzusuchen und treu zu bewahren bestrebt ist. Männer, die gleich ihm die ganze Fülle der Bildungselemente ihrer Zeit in sich aufgenommen hatten, ohne dadurch in der Frische und natürlichen Selbständigkeit ihres Empfindens eingeengt zu werden, die als sittlich Freie im edelsten Sinne des Wortes nur ihrer warmen, angeborenen Teilnahme für alle Regungen des menschlichen Gemütes zu folgen brauchten, um den rechten Weg zwischen den Klippen des Lebens zu finden, sind in unseren Zeiten schon sehr selten geworden und werden wahrscheinlich noch immer seltener werden. Die Unbefangenheit und Gesundheit des Goetheschen Geistes tritt um so bewunderungswürdiger hervor, als er einer tief verkünstelten Zeit entsprang, in der selbst die Sehnsucht zur Rückkehr in die Natur die unnatürlichsten Formen annahm. Sein Beispiel hat uns daher einen Maßstab von unschätzbarem Werte für das Echte und Ursprüngliche in der geistigen Natur des Menschen zurückgelassen, an dem wir unsere eigenen Bestrebungen mit ihren beschränkteren Zielen zu messen nicht versäumen sollten.

Ich selbst habe schon einmal im Anfang meiner wissenschaftlichen Laufbahn unternommen, einen Bericht über Goethes naturwissenschaftliche Arbeiten zu geben, bei dem es sich überwiegend um eine Verteidigung des wissenschaft-

[1] Rede, gehalten in der Generalversammlung der Goethe-Gesellschaft zu Weimar, den 11. Juni 1892.

lichen Standpunktes der Physiker gegen die Vorwürfe, die der Dichter ihnen gemacht hatte, handelte. Er fand damals bei den Gebildeten der Nation viel mehr Glauben als die junge Naturwissenschaft, deren Berechtigung zum Eintritt in den Kreis der übrigen, durch alte Überlieferungen ehrwürdig gewordenen Wissenschaften man nicht ganz ohne Mißtrauen ansah.

Seitdem sind vierzig Jahre einer fruchtbaren, wissenschaftlichen Entwicklung über Europa dahingezogen; die Naturwissenschaften haben durch die von ihnen ausgegangene Umgestaltung aller praktischen Verhältnisse des Lebens die Zuverlässigkeit und Fruchtbarkeit ihrer Grundsätze erwiesen, und daneben doch auch weit umblickende Gesichtspunkte gewonnen, von denen aus gesehen das Gesamtbild der Natur, der lebenden wie der leblosen, sich tief verändert zeigt; man denke nur an CH. DARWINS Ursprung der Arten und an das Gesetz von der Konstanz der Energie. Schon das würde einen genügenden Antrieb gegeben haben, um die alten Überlegungen zu wiederholen und sie einer neuen Prüfung zu unterwerfen.

Für mich gesellte sich dazu aber noch ein besonderes Interesse. Mein Studiengang hatte sich früh physiologischen Problemen zugewendet, namentlich den Gesetzen der Nerventätigkeit, wobei die Frage nach dem Ursprunge der Sinneswahrnehmungen nicht zu übergehen war. Wie der Chemiker vor dem Beginn seiner eigentlichen Berufsarbeiten die Richtigkeit und Zuverlässigkeit seiner Waage, der Astronom die seines Fernrohres untersuchen muß: so bedurfte auch die Naturwissenschaft als Ganzes einer Prüfung der Wirkungsweise derjenigen Instrumente, nämlich der menschlichen Sinnesorgane, die die Quelle alles ihres Wissens sind. Daß sog. Sinnestäuschungen vorkamen, wußte man; man mußte suchen, über die Art ihres Ursprungs so viel zu erfahren, als nötig war, um sie sicher vermeiden zu können. Die bisherige Philosophie leistete dabei so gut wie keine Hilfe. Denn selbst noch KANT, der für uns Nachkommende das Fazit aus den früheren Bemühungen der Erkenntnistheorie gezogen und diese mit eindringender Kritik gesichtet hatte, faßte noch alle Zwischenglieder zwischen der reinen Sinnesempfindung und der Bildung der Vorstellung des zur Zeit wahrgenommenen, räumlich ausgedehnten Gegenstandes in einen Akt zusammen, den er die Anschauung nannte. Diese spielt bei ihm und seinen Nachfolgern eine Rolle, als wäre sie durchaus nur Wirkung eines natürlichen Mechanismus, der nicht weiter Gegenstand philosophischer und psychologischer Untersuchungen werden könnte, abgesehen von seinem Endergebnis, welches eben eine Vorstellung ist, und also auch unter gewissen formalen Bedingungen alles Vorstellens stehen kann, die KANT aufsuchte.

Sobald man annehmen durfte, daß richtige Wahrnehmungen durch unsere Sinne gewonnen seien, war in der induktiven Methode der Naturwissenschaften der weitere Weg der Untersuchung im wesentlichen vorgeschrieben. Der Hauptnachdruck fällt dabei darauf, daß die natürlichen Gesetze der Erscheinungen gefunden werden müssen, und daß es gelinge, diese in scharf definierten Worten auszusprechen. Die ersten, noch nicht ausreichend geprüften Versuche, ein Naturgesetz aufzustellen, kann man nur als *Hypothese* bezeichnen. Die der Beobachtung zugänglichen Folgerungen solcher Hypothese werden aufgesucht und unter möglichst mannigfach abgeänderten Bedingungen mit den Tatsachen verglichen. Die Möglichkeit, das vermutete Gesetz in Worte zu fassen, hat den großen und entscheidenden Vorteil, daß es vielen mitgeteilt wird und viele an der Prüfung teilnehmen; daß dies unbeschränkt lange Zeit und in einer unbeschränkten Zahl von Fällen vorgenommen werden kann, daß mit der Zahl der Bestätigungen auch die Aufmerksamkeit auf die wahren oder scheinbaren Ausnahmen wächst, bis schließlich ein so überwältigendes Beobachtungsmaterial zusammengekommen ist, daß kein Zweifel an der Richtigkeit des Gesetzes sich mehr geltend macht, wenigstens nicht in dem Umkreise der durchgeprüften Bedingungen.

Es ist dies ein langer und mühsamer Weg, dessen Erfolg, wie ich nochmals hervorhebe, wesentlich an der Möglichkeit hängt, das betreffende Gesetz in Worten von genau definiertem Sinne auszusprechen. Indessen können wir jetzt in der Tat schon große Gebiete von Naturvorgängen, namentlich innerhalb der einfacheren Verhältnisse der anorganischen

Natur, auf wohlbekannte und scharf definierte Gesetze vollständig zurückführen.

Wer aber das Gesetz der Phänomene kennt, gewinnt dadurch nicht nur Kenntnis, er gewinnt auch die Macht, bei geeigneter Gelegenheit in den Lauf der Natur einzugreifen und sie nach seinem Willen und zu seinem Nutzen weiter arbeiten zu lassen. Er gewinnt die Einsicht in den zukünftigen Verlauf dieser selben Phänomene. Er gewinnt in Wahrheit Fähigkeiten, wie sie abergläubische Zeiten einst bei Propheten und Magiern suchten.

Indessen finden wir, daß auch noch auf einem anderen Wege als auf dem der Wissenschaft Einsicht in das verwickelte Getriebe der Natur und des Menschengeistes gewonnen und anderen so mitgeteilt werden kann, daß diese auch volle Überzeugung von der Wahrheit des Mitgeteilten erhalten. Ein solcher Weg ist gegeben in der künstlerischen Darstellung. Es wird Ihnen nicht schwer werden, sich zu überzeugen, daß wenigstens in einzelnen Richtungen der Kunst so etwas geleistet wird. Wir werden späterhin die Frage zu erörtern haben, ob solche Wirkungen auf einzelne Zweige der Kunst beschränkt sind, oder ob Ähnliches in allen vorkommt.

Denken Sie an irgendein Meisterwerk der Tragik. Sie sehen menschliche Gefühle und Leidenschaften sich entwickeln, sich steigern, schließlich erhabene oder schreckliche Taten daraus hervorgehen. Sie verstehen durchaus, daß unter den gegebenen Bedingungen und Ereignissen der Erfolg so eintreten muß, wie er vom Dichter Ihnen vorgeführt wird. Sie fühlen, daß Sie selbst in gleicher Lage den gleichen Trieb empfinden würden, so zu handeln. Sie lernen die Tiefe und die Macht von Empfindungen kennen, die im ruhigen Alltagsleben nie erweckt worden sind, und scheiden mit einer tiefen Überzeugung von der Wahrheit und Richtigkeit der dargestellten Seelenbewegungen, obgleich Sie gleichzeitig keinen Augenblick darüber im Zweifel waren, daß alles, was Sie gesehen, nur bildlicher Schein war.

Diese *Wahrheit*, die Sie anerkennen, ist also nur die *innere Wahrheit* der dargestellten Seelenvorgänge, ihre Folgerichtigkeit, ihre Übereinstimmung mit dem, was Sie selbst bisher von der Entwicklung solcher Stimmungen kennengelernt haben, d. h. es ist die Richtigkeit in der Darstellung des naturgemäßen Ablaufes dieser Zustände. Der Künstler muß diese Kenntnis gehabt haben, der Hörer ebenfalls, wenigstens so weit, daß er sie wiedererkennt, wenn sie ihm vorgeführt wird.

Wo kommt nun solche Kenntnis her, die sich gerade in solchen Gebieten vorzugsweise zeigt, an denen bisher noch die Bestrebungen der Wissenschaft den wenigsten Erfolg gehabt haben, nämlich im Gebiete der Seelenbewegungen, Charaktereigenschaften, Entschlüsse von Individuen? Auf dem mühsamen Wege der Wissenschaft, durch reflektierendes Denken, ist sie sicher nicht gewonnen worden; im Gegenteil, wo der Autor anfängt zu reflektieren und mit philosophischen Einsichten nachhelfen will, wird der Hörer fast augenblicklich ernüchtert und kritisch gestimmt; er fühlt, daß ein Surrogat eintritt, statt der lebensvollen Phantasie des Künstlers.

Die Künstler selbst wissen wenig darüber zu sagen, wo ihnen diese Bilder herkommen; ja gerade die fähigsten unter ihnen werden nur langsam durch den Erfolg ihrer Werke davon belehrt, daß sie etwas leisten, was die Mehrzahl der anderen Menschenkinder ihnen nicht nachzutun imstande ist. Offenbar wird ihnen die Art der Tätigkeit, in welcher sie das Unbegreiflichste leisten, meistens so leicht, daß sie weniger Gewicht darauf legen als auf Nebensachen, die ihnen Mühe gemacht haben. GOETHE hat in dieser Weise einmal gegen ECKERMANN geäußert, daß er glaube, in der Farbenlehre Bedeutsameres geleistet zu haben als in seinen Gedichten, und RICHARD WAGNER hörte ich selbst einmal äußern, daß er seine Verse viel höher schätze als seine Musik.

Wir wissen nun diese Art geistiger Tätigkeit, die so mühelos, schnell und ohne Nachdenken zustande kommt, nicht anders zu bezeichnen als mit dem Namen einer *Anschauung*, speziell *künstlerischer* Anschauung. Der Begriff der Anschauung ist aber in seinen Merkmalen fast nur negativ. Nach der philosophischen Terminologie bildet er den Gegensatz gegen *Denken*, d. h. gegen die bewußte Vergleichung der schon gewonnenen Vorstellungen unter Zusammenfassung des Gleichartigen zu Begriffen. Die sinnliche Anschauung ist da ohne Besinnen, ohne geistige Anstrengung, augenblicklich, sowie der entsprechende sinnliche Eindruck auf uns wirkt. Ihr gegenüber findet keine Willkür statt, die Wahrnehmung des ihr entsprechenden Objekts ist, wie uns scheint, vollständig durch den sinnlichen Eindruck bestimmt, so daß gleicher Eindruck auch immer gleiche Vorstellung erregt.

Die künstlerische Einbildungskraft operiert allerdings nicht immer mit gegenwärtigen Sinneseindrücken, sondern vielfach auch, namentlich in der Dichtkunst, mit Erinnerungsbildern von solchen, die sich aber in den eben besprochenen Beziehungen nicht von den unmittelbar gegenwärtigen Sinnesbildern unterscheiden.

Die bisherige Begriffsbestimmung der sinnlichen Anschauung hat, wie ich schon bemerkte, gar keine Analyse derselben versucht, hilft uns also auch nicht die künstlerische Anschauung zu verstehen.

Indessen haben wir ausreichende Gründe, gegen die Auffassung Einsprache zu erheben, als ob beide Arten der Anschauung vollständig frei seien von dem Einflusse der Erfahrung; Erfahrung aber ist ein Ergebnis von Prozessen, die in das Gebiet des Denkens hineinfallen.

Zunächst ist nämlich zu bedenken, daß uns oft genug, namentlich bei plötzlich eintretenden Gefahren, aber auch bei schnell zu ergreifenden günstigen Gelegenheiten, blitzschnelle Entschlüsse durch den Kopf schießen, die aber durchaus nicht allein durch die Natur des gegenwärtigen Sinneseindrucks gegeben sind. Überhaupt gehören hierher alle Fälle, wo wir die Geistesgegenwart des Handelnden rühmen; die Kenntnis der Gefahr beruht dabei der Regel nach nicht auf besonders erschütternden Sinnesempfindungen, sondern nur auf einem Urteil, das sich auf frühere Erfahrungen gründet. Es kann also nicht zweifelhaft sein, daß die Schnelligkeit, mit der eine Vorstellung auftritt, nichts für den physiologisch mechanischen Ursprung derselben und ihre Unabhängigkeit von Ergebnissen früheren Denkens entscheidet.

Das andere, oben angeführte Kennzeichen der sinnlichen Anschauung, daß die Vorstellung des Gegenstandes, die durch Anschauung entsteht, nur von der Art des gegenwärtigen sinnlichen Eindrucks abhängen soll, schließt allerdings die Mitwirkung von Erfahrungen über veränderte Verhältnisse der Außenwelt aus, aber nicht solche Erfahrungen, die sich auf unveränderliche Verhältnisse beziehen, sich deshalb immer und immer wieder in gleicher Weise wiederholen und also, falls sie sich einem neu eintretenden Sinnesausdruck zugesellen, diesen immer wieder nur in derselben Weise vervollständigen können wie alle seine Vorgänger. Hierher gehören offenbar alle durch ein festes Naturgesetz geregelten Verhältnisse.

Um ein Beispiel anzuführen: Ein Schlagschatten kann auf eine beleuchtete Fläche nur fallen, wenn der schattenwerfende Körper vor derjenigen Seite der Fläche liegt, auf welche das Licht fällt. Eben deshalb ist es in jeder malerischen Darstellung eines der wichtigsten Hilfsmittel, um die gegenseitige Lage undurchsichtiger Körper im Raume verständlich zu machen, daß man die Schlagschatten richtig angibt. Ja, stereoskopische Bilder können uns den Fall vorführen, daß die auf aktiven Sinneseindrücken beruhenden Vorstellungen von der Lage der gesehenen Umrißlinien in der Tiefe des Bildes und in verschiedenem Abstand vom Auge durch einen falsch gelegten Schlagschatten unterdrückt werden können, so daß die richtige räumliche Anschauung nicht dagegen aufkommen kann.

Überhaupt ist der Einfluß, den die Gesetze der Perspektive, der Beschattung, des Verdeckens der Umrisse entfernterer Körper der Luftperspektive usw. auf die räumliche Deutung unserer Gesichtsbilder haben, außerordentlich groß, und doch läßt sich dieser Einfluß nur auf die Mitwirkung gewonnener Erfahrungen zurückführen, obgleich er ebenso sicher und ohne Zögern im Bilde sich geltend macht wie dessen Farben und Umrißlinien.

Daß also aus der Erfahrung hergeleitete Momente auch bei den unmittelbaren Wahrnehmungen durch unsere Sinne zur Ausbildung unserer Vorstellung vom Gegenstande mitwirken, kann meines Erachtens nicht zweifelhaft sein. Die spezielle physiologische Untersuchung über die Abhängigkeit unserer Wahrnehmungen von den ihnen zugrunde liegenden Empfindungen gibt Hunderte von Beispielen dafür. Freilich ist es im einzelnen oft schwer, sicher zu trennen, was dem physiologischen Mechanismus der Nerven angehört, was ausgebildete Erfahrung über unveränderliche Gesetze des Raumes und der Natur dazu gegeben hat. Ich selbst neige dazu, der letzteren den möglichst größten Spielraum zuzuerkennen. Übrigens läßt das wenige, was wir bisher über die Gesetze unseres Gedächtnisses wissen, uns schon vermuten, wie solche Wirkungen zustande kommen dürften.

Es ist uns allen wohlbekannt, wie Wiederholung gleicher Folgen von gleichen Eindrücken die im Gedächtnis zurückbleibende Spur derselben verstärkt; es war dies schon in der Schule das von uns vielgeübte Mittel beim Auswendiglernen von Gedichten, Sprüchen, grammatischen Regeln. Absichtliche Wiederholung wirkt sicherer, aber auch wenn die Wiederholung ohne unser Zutun ausgeführt wird, tritt Verstärkung des Erinnerungsbildes ein. Wir haben schon erörtert, daß das, was sich notwendig, ausnahmslos in gleicher Weise wiederholen und also durch Wiederholung fixieren muß, die durch ein Naturgesetz, durch die notwendige Verkettung von Ursache und Wirkung miteinander verbundenen Folgen von Ereignissen sind. Daneben dürfen wir erwarten, daß alle diejenigen Züge eines solchen Vorganges, die durch zufällig mitwirkende wechselnde Nebenumstände bedingt sind, sich in ihrer Gedächtniswirkung gegenseitig stören und meist erlöschen werden. Gerade diese Zufälligkeiten sind es aber, wodurch sich die einzelnen Beispiele eines gesetzmäßigen Vorgangs, die uns vorgekommen sind, voneinander individuell unterscheiden. Wenn deren Erinnerung schwindet, so verlieren wir dadurch auch das Mittel, in unserem Gedächtnis die einzelnen Fälle noch voneinander zu sondern und sie uns einzeln wieder aufzuzählen. Wir behalten dann die Kenntnis des Gesetzmäßigen, verlieren aber das Einzelmaterial der Fälle aus dem Auge, aus denen sich unsere Kenntnis des Gesetzes herleitet, und wissen darum schließlich nicht mehr uns selbst oder anderen Rechenschaft davon zu geben, wie wir zu einer solchen Kenntnis gekommen sind. Wir wissen schließlich nur, daß das immer so ist und wir es nie anders gesehen haben.

Solche Kenntnis nun werden wir von den verschiedensten Dingen und Verhältnissen gewinnen können, in der Kindheit beginnend mit den einfachsten Raumverhältnissen und Schwerewirkungen, deutlich zunehmend bei Erwachsenen, aber für aufmerksame Beobachter mit feinen Sinnen ohne Grenze ausdehnbar, so weit in der Natur und in den Seelenregungen Gesetz und Ordnung herrscht.

Diese selben Überlegungen, die ich hier zunächst an dem Beispiel der sinnlichen Anschauungen angestellt habe, lassen sich vollständig auch auf die künstlerischen Anschauungen übertragen. Daraus, daß sie mühelos kommen, plötzlich aufblitzen, daß der Besitzer nicht weiß, woher sie ihm gekommen sind, folgt durchaus nicht, daß sie keine Ergebnisse enthalten sollten, die aus der Erfahrung entnommen sind, und gesammelte Erinnerungen an deren Gesetzmäßigkeit umfassen. Hierdurch werden wir auf eine positive Quelle der künstlerischen Einbildungskraft hingewiesen, welche auch vollständig geeignet ist, die strenge Folgerichtigkeit der großen Kunstwerke zu rechtfertigen, im Gegensatze zu dem einst von den Dichtern der romantischen Schule so gefeierten freien Spiele der Phantasie.

Da die künstlerischen Anschauungen nicht auf dem Wege des begrifflichen Denkens gefunden sind, lassen sie sich auch nicht in Worten definieren, und man bezeichnet eine solche, aus Anschauungen zusammengewachsene Kenntnis des regelmäßigen Verhaltens, wo man diesen Gegensatz betonen will, als eine Kenntnis des *Typus* der betreffenden Erscheinung.

Um so viel reicher die Mannigfaltigkeit der sinnlichen Empfindung ist, verglichen mit den Wortbeschreibungen, die man von ihren Objekten geben kann, um so viel reicher, feiner und lebensvoller kann natürlich die künstlerische Darstellung der wissenschaftlichen gegenüber ausfallen. Dazu kommt dann noch das schnelle Auftauchen der Gedächtnisbilder, die bei geschickt gegebenen Anknüpfungen sich hinzugesellen, so daß es dem Künstler dadurch möglich wird, dem Hörer oder Beschauer außerordentlich viel Inhalt in kurzer Zeit oder in einem wenig ausgedehnten Bilde zu überliefern.

Als ich Ihnen anfänglich in Erinnerung bringen wollte, daß die Kunst, wie die Wissenschaft, Wahrheit darstellen und überliefern kann, beschränkte ich mich zunächst auf das hervorragendste Beispiel der tragischen Kunst. Sie werden vielleicht fragen, ob dies auch für andere Zweige der Kunst gelten soll. Daß dem Künstler sein Werk nur gelingen kann, wenn er eine feine Kenntnis des gesetzlichen Verhaltens der dargestellten Erscheinungen und auch ihrer Wirkung auf den Hörer oder Beschauer in sich trägt, scheint mir in der Tat unzweifelhaft. Wer die feineren Wirkungen der Kunst noch nicht kennengelernt hat, läßt sich leicht, namentlich den Werken der bildenden Kunst gegenüber, verleiten, absolute Naturtreue als den wesentlichen Maßstab für ein Bild oder eine Büste anzusehen. In dieser Beziehung würde offenbar jede gut gemachte Photographie allen Handzeichnungen, Radierungen, Kupferstichen der ersten Meister überlegen sein, und doch lernen wir bald erkennen, wieviel ausdrucksvoller die letzteren sind.

Auch diese Tatsache ist ein deutliches Kennzeichen dafür, daß die künstlerische Darstellung nicht eine Kopie des einzelnen Falles sein darf, sondern eine Darstellung des Typus der betreffenden Erscheinungen.

Wir nähern uns hier der viel umstrittenen Frage nach dem Wesen, nach dem Geheimnis der Schönheit in der Kunst. Diese vollständig zu beantworten, wollen wir heute nicht unternehmen, wir wollen sie nur so weit berühren, als es mit unserem Thema zusammenhängt, welches nur die Darstellung des Wahren in der Kunst betrifft.

Zunächst ist klar, daß, wenn durch die Rücksicht auf die Schönheit und Ausdruckstiefe noch andere Forderungen an den Künstler herantreten, als die Kopierung des individuellen Falles ihm erfüllen würde: so wird er diese Forderungen nur dadurch erfüllen können, daß er den individuellen Fall umformt, aber ohne aus der Gesetzlichkeit des Typus herauszutreten. Je genauer also sein Anschauungsbild des letzteren ist, desto freier wird er sich den Forderungen der Schönheit und des Ausdrucks gegenüber bewegen können.

Diese Umbildung der künstlerischen Form geht oft so weit, daß absichtlich in Nebendingen die Naturtreue fallen gelassen wird, wenn dafür eine Erhöhung der Schönheit oder des Ausdrucks in wichtigeren Momenten erreicht werden kann.

Als Beispiele will ich nur anführen Metrum und Reim in der Poesie und die Zufügung der Musik zum Text des Dramas oder des Liedes.

Die gegebenen Wortformen der Sprache sind dem Inhalte der Poesie gegenüber ein äußerliches, gleichgültiges oder selbst unschönes Beiwerk, willkürliches Menschenwerk; sie wechseln schon bei der Übersetzung in eine andere Sprache. Rhythmus und Reim geben ihnen eine Art äußerlicher Ordnung, aber auch etwas von musikalischer Bewegung, deren Verzögerung, Beschleunigung oder Unterbrechung Eindruck machen kann. Wenn wir auf der Bühne die Sprache zum Gesang erheben, zerstören wir noch mehr die Naturtreue, gewinnen aber dafür den Vorteil, die Seelenbewegungen der handelnden Personen durch die viel reicheren, feineren und ausdrucksvolleren Bewegungen der Töne auszudrücken.

Wie die Rücksicht auf die Ausdrucksfähigkeit der Darstellung in weitesten Kreisen der Kunst mit den Forderungen der Schönheit und denen der reinsten Darstellung des Typus zusammenfällt, ist schon so oft und eingehend erörtert worden, daß ich glaube, hier nur daran erinnern zu brauchen.

In meinem Buche über die Tonempfindungen habe ich mich bemüht, nachzuweisen, daß auch in der Musik die mehr oder weniger harmonische Wirkung der Intervalle in Melodie und Harmonie mit besonderen sinnlich wahrnehmbaren Phänomenen, den Obertönen, zusammenhängt, welche die harmonischen Intervalle um so deutlicher und genauer abgrenzen, je einfacher und reiner diese sind.

Die Untersuchungen über die Empfindungen des Gesichtssinnes lehren, daß gewisse mittlere Helligkeiten, die uns die angenehmsten zum Sehen sind, gleichzeitig die feinste Unterscheidung der Modellierung der Raumformen und der kleinsten Objekte begünstigen, und daß auch ein gewisses Gleichgewicht der Farben nötig ist, wenn das Auge nicht durch farbige Nachbilder gestört werden soll.

Überhaupt dürfen wir die sinnlich angenehmen Empfindungen als Elemente der Schönheit nicht verachten; denn Natur hat unsern Leib in langer Arbeit der Generationen so ausgebildet, daß wir Wohlgefallen finden in einer solchen Umgebung, wo die perzipierenden Tätigkeiten unserer Seele sich in freiester und sicherster Tätigkeit entfalten können.

Als ein äußeres Zeichen dessen, was ich hier als leicht verständlich oder leicht auffaßbar bezeichnet habe, betrachte ich auch den hervorragenden Einfluß des Schönen auf das Gedächtnis des Menschen. Poesie behält sich viel leichter als Prosa. Offenbar haben deshalb die Völker, welche noch nicht, oder unter denen nur wenige Individuen schreiben konnten, ihre Geschichten, ihre Sagen, ihre Gesetze, ihre Moralregeln in Versen aufbewahrt. Ein schönes Gebäude oder Bild oder Lied kann man nicht wieder vergessen, eine Melodie kann sich so festnisten, daß man Mühe hat, sie wieder loszuwerden.

Ich meine nun, daß ein wesentlicher Teil von der Wirkung des Schönen in dieser seiner Wirkung auf das Gedächtnis beruht. Auch wenn wir es erst anzuschauen *beginnen*, kommen wir schnell zu einer festen Vorstellung von dem Ganzen, welche uns in den Stand setzt, die Überschau und Betrachtung des einzelnen in ruhiger und behaglicher Weise fortzusetzen, indem wir uns fortdauernd über den Zusammenhang mit dem Ganzen wohl orientiert fühlen.

Jetzt sind wir zu dem Punkte gelangt, wo die Wege des Forschers und des Künstlers sich zu trennen beginnen. Daß das Gedächtnis des Künstlers für diejenigen Erscheinungen, die ihn interessieren, feiner und treuer ist, namentlich auch in bezug auf die Einzelheiten der Erscheinung, als bei der Mehrzahl anderer Menschen, zeigt sich in unzähligen Beispielen. Ein Landschaftsmaler muß das Bild schnell schwindender Beleuchtungen, vorübergehender Witterungserscheinungen in treuer Erinnerung festhalten können; ebenso die Mondbeleuchtung, bei der er nicht malen kann, die rollenden Wogen des Meeres, die keinen Augenblick stillhalten, um uns deren Bild mit unzähligen Einzelheiten auf die Leinwand hinzuzaubern. Was er im Moment durch flüchtige Skizzen einiger Einzelheiten festhalten kann, ist doch sehr dürftig. Der Hauptsache nach wird er sich durchaus auf sein Erinnerungsbild von dem Gesehenen verlassen müssen.

Am staunenswertesten erscheint uns das Gedächtnis der Musiker, die, ohne Noten vor sich zu haben, zahllose Kompositionen auf ihrem Instrumente vorzutragen wissen; noch staunenswerter das der Dirigenten, die ohne Partitur zahllose Symphonien zu dirigieren imstande sind, deren einzelne Notenköpfe nach Millionen zählen würden. Aber ich glaube nicht zu irren, wenn ich annehme, daß, was sie im Kopfe haben, durchaus nicht die Noten und die Zahlen der Pausen sind, sondern ganz allein die musikalischen Phrasen des Musikstückes, deren Folge und Verkettung mit Einschluß des Wechsels der Klangfarben, und daß sie nur imstande sind, mit großer Sicherheit und Schnelligkeit das, was sie hören wollen, so weit in das Bild der Partitur zurückzuübersetzen, als nötig ist, um ihren Musikern die richtigen Winke zu geben.

Für wissenschaftliche Arbeit hat ein weitreichendes treues Gedächtnis nicht dieselbe Wichtigkeit wie für die künstlerische. Denn was wir in Worte fassen können, das können wir auch durch die Schrift fixieren. Nur der erste erfinderische Gedanke, der der Wortfassung vorausgehen muß, wird bei beiden Arten der Tätigkeit immer in derselben Weise sich bilden und auftauchen müssen; und zwar kann das zunächst immer nur in einer der künstlerischen Anschauung analogen Weise, als Ahnung neuer Gesetzmäßigkeit, geschehen. Eine solche besteht in der Auffindung bisher unbekannter Ähnlichkeit in der Art, wie gewisse Phänomene in einer Gruppe von typisch übereinstimmenden Fällen sich folgen. Das Vermögen, bisher ungeahnte Ähnlichkeiten zu entdecken, nennen wir *Witz.* Unsere Altvorderen brauchten dieses Wort auch im ernsten Sinne. Immer bezeichnet es eine plötzlich auftauchende Einsicht, die man nicht methodisch durch Nachdenken erreichen kann, sondern die wie ein plötzliches Glück erscheint.

In ältester lateinischer Bezeichnung ist deshalb der Name des Dichters mit dem des Sehers identisch. Die plötzlich auftauchende Einsicht wird als *Divination*, als eine Art göttlicher Eingebung, bezeichnet.

Gelegentlich kann auch ein günstiger Zufall zu Hilfe kommen und eine unbekannte Beziehung enthüllen; aber der Zufall wird schwerlich benutzt werden, wenn der, der ihm begegnet, in seinem Kopfe schon hinreichendes Material von Anschauungen gesammelt hat, um ihm die Überzeugung von der Richtigkeit des Geahnten zu geben. GOETHES Erzählung von der Entdeckung der Wirbelstruktur des Schädels bei Gelegenheit des zerfallenen Schafschädels, den er im Sande des Lido von Venedig fand, scheint mir typisch für diese Art von Entdeckungen. Auch erwähnt er sie in der einen Version seiner Erzählung als erste Entdeckung, in der anderen nur als Bestätigung früher erkannter Wahrheit[1].

Übrigens habe ich Ihnen nun die Gründe für meine Überzeugung von der Verwandtschaft zwischen Wissenschaft und Kunst dargelegt, und wir wollen uns der besonderen Tätigkeit GOETHES zuwenden.

GOETHE war nicht der einzige Künstler, der gleichzeitig wissenschaftliche Forschungen betrieb; um nur einen anderen anzuführen, nenne ich Ihnen LIONARDO DA VINCI, der sich aber mehr praktischen Fragen der Ingenieurwissenschaft und der Optik zuwandte und darin weit vorausschauende Einsicht entfaltete.

Dasjenige Gebiet, in welchem sich GOETHE den größten Ruhm erworben hat, und wo seine Verdienste am leichtesten und deutlichsten einzusehen sind, ist das der tierischen und pflanzlichen Morphologie. Hier gelang es ihm, die feste Überzeugung zu gewinnen, daß der Körperbildung der verschiedenen Tier- und Pflanzenformen ein gemeinsamer Bauplan, bis in scheinbar unbedeutende Einzelheiten hinein, durchaus folgerichtig durchgeführt, zugrunde liege. Es war dies eine Aufgabe, die der künstlerischen Auffassung besonders nahelag, und bei der es schon ein Gewinn war, wenn auch nur dieser Standpunkt, der dem der künstlerischen Anschauung entspricht, zunächst erreicht und festgehalten wurde. Die wissenschaftlichen Anatomen und Zoologen jener Zeit waren durch ein Vorurteil, nämlich durch den Glauben an die Unabänderlichkeit der organischen Arten verhindert, in der von GOETHE eingeschlagenen Richtung zu suchen und auf seine Anschauungen, als er sie ihnen vortrug, einzugehen. Übrigens weiß er selbst ebensowenig zu sagen, welche Bedeutung oder welchen Ursprung diese Übereinstimmung der Formen haben könnte. Bezeichnend sagt er darüber[2]:

„Alle Gestalten sind ähnlich und keine gleichet der andern,
Und so deutet das Chor auf ein geheimes Gesetz,
Auf ein heiliges Rätsel. O könnt ich dir, liebliche Freundin,
Überliefern zugleich glücklich das lösende Wort!"

[1] Die eine 1823. Morphologie 2, 1, 50. Die andere in den Annalen zu 1790.

[2] Gedicht: Die Metamorphose der Pflanzen.

Erst DARWIN hat das lösende Wort gefunden, indem er sich von dem erwähnten Vorteil seiner Vorgänger frei machte und auf die schon längst an zahlreichen Beispielen bekannte Umbildungsfähigkeit der Arten unter der Hand des Menschen, wenn er Rassen züchtet, hinwies und dann zeigte, daß auch auf die wildlebenden Tiere Bedingungen ähnlicher Art, wie sie absichtlich der Züchter setzt, einwirken und eine erbliche Umformung der Tierformen in der Reihe der Generationen bewirken können. Ich glaube, daß ich dieses Thema in dieser Versammlung nicht weiter auszuführen brauche; es hängt mit einer der größten Umwälzungen der Biologie zusammen, die die allgemeinste Aufmerksamkeit erregt hat und eben deshalb in den Kreisen aller Gebildeten viel und eingehend besprochen worden ist. Ich stehe um so mehr davon ab, als an der Universität dieses Landes einer der tätigsten und ideenreichsten Vertreter der Entwicklungslehre wirksam ist. Auch GOETHES Tätigkeit in dieser Richtung ist vielfach und ins einzelne gehend besprochen worden; zuletzt noch hat uns in dem jüngst erschienenen Bande des Goethe-Jahrbuch Herr Prof. K. BARDELEBEN eine Schilderung von der Arbeitsamkeit des Dichters in dieser Richtung gegeben.

Nach einer anderen Seite naturwissenschaftlicher Forschung hin waren seine Bestrebungen weniger glücklich, nämlich in der *Farbenlehre*. Ausführlichen Bericht über die Gründe seines Scheiterns habe ich schon in meinem älteren Aufsatz über GOETHES naturwissenschaftliche Arbeiten gegeben. Sie lagen wesentlich darin, daß er mit den verhältnismäßig unvollkommenen Apparaten, die er in Händen hatte, die entscheidenden Tatsachen nicht hat beobachten können. Er hat niemals vollständig gereinigtes, einfaches, farbiges Licht vor Augen gehabt und wollte deshalb nicht an dessen Existenz glauben. An dieser Schwierigkeit der vollständigen Reinigung der einfachen spektralen Farben sind Männer wie Sir DAVID BREWSTER gescheitert, der viel erfahrener und gewandter in optischen Versuchen war als GOETHE und mit den besten Instrumenten ausgerüstet. Auch dieser hat eine falsche Farbentheorie aufgestellt, in der er wie GOETHE behauptete, daß nicht die verschiedene Brechbarkeit der Lichtstrahlen die Farben des prismatischen Bildes bestimme, sondern daß es drei verschiedene Arten von Licht gebe, rotes, gelbes, blaues, deren jedes aber mit allen Graden der Brechbarkeit vorkäme. BREWSTER wurde getäuscht dadurch, daß er die in der Tat nie fehlende Trübung der durchsichtigen Körper, auf welche GOETHE seine ganze Theorie gebaut hatte, nicht kannte und das durch diese Trübung über das Gesichtsfeld des Beobachters ausgegossene falsche Licht übersah.

Gerade dadurch, daß ich den von BREWSTER beschriebenen Erscheinungen nachspürte, die mit NEWTONS Theorie in Widerspruch zu stehen schienen, wurde ich veranlaßt, eine noch sorgfältigere Reinigung des farbigen Lichtes zu verwenden, als sie NEWTON, GOETHE und BREWSTER je gekannt hatten. Ich erreichte schließlich mein Ziel, aber nicht ohne Mühe, und weiß daher aus eigener Erfahrung, wie wenig es sich ziemen würde, wollte ich Ihnen hier eine ausführliche Auseinandersetzung der Mangelhaftigkeit von GOETHES Experimenten, den übersehenen Fehlerquellen, den Mißverständnissen NEWTONscher Sätze usw. geben, um so weniger, als ein höchst bedeutsamer Kern neuer Einsicht auch in diesem verunglückten Bestreben des Dichters verborgen liegt.

Er erklärt es für seine feste Überzeugung, daß man in jedem Zweige der Physik ein „Urphänomen" zu suchen habe, um darauf alle übrige Mannigfaltigkeit der Erscheinungen zurückzuleiten. Der Gegensatz, der ihn abstößt, ist gegen die Abstraktionen anschauungsleerer Begriffe gerichtet, mit denen die theoretische Physik damals zu rechnen gewohnt war. Materien — ihrem reinen Begriff nach ohne Kräfte, also auch ohne Eigenschaften —, und doch wieder in jedem speziellen Beispiele Träger von ihnen einwohnenden Kräften. Die Kräfte selbst aber, wenn man sie sich losgelöst denken will von der Materie, eine vorgestellte Fähigkeit zu wirken, und doch ohne Angriffspunkte für irgendeine Wirkung. Mit solchen übersinnlichen, unausdenkbaren Abstraktionen wollte er nichts zu tun haben, und man muß zugeben, daß sein Widerspruch nicht unberechtigt war, und daß diese Abstraktionen, wenn sie auch von den großen theoretischen Physikern des 17. und 18. Jahrhunderts durchaus widerspruchslos und sinngemäß gebraucht wurden, doch den Keim zu den wüstesten Mißverständnissen enthielten, die auch gelegentlich bei verwirrten und abergläubischen Köpfen sich laut machten. Namentlich bei den Anhängern des tierischen Magnetismus und auch in der Lehre von der Lebenskraft haben die von der Materie losgelösten Kräfte eine verhängnisvolle Rolle gespielt.

In dieser Beziehung aber hat gegenwärtig die Physik schon ganz die Wege eingeschlagen, auf die GOETHE sie führen wollte. Der unmittelbare historische Zusammenhang mit dem von ihm ausgegangenen Anstoße ist leider durch seine unrichtige Interpretation des von ihm gewählten Beispiels und die darauffolgende erbitterte Polemik gegen die Physiker unterbrochen worden. Es ist sehr zu bedauern, daß er zu jener Zeit die von HUYGENS schon aufgestellte Undulationstheorie des Lichts nicht gekannt hat; diese würde ihm ein viel richtigeres und anschaulicheres „Urphänomen" an die Hand gegeben haben als der dazu kaum geeignete und sehr verwickelte Vorgang, den er sich in den Farben trüber Medien zu diesem Ende wählte. In der äußeren Natur freilich nehmen diese einen großen Raum ein, da zu ihnen das Blau des Himmels und das Abendrot gehören.

NEWTONS Corpusculartheorie des Lichts hatte in der Tat manche schwerfällige und künstliche Voraussetzungen zu machen, namentlich für die Erklärung der eben entdeckten Polarisation und Interferenz des Lichtes, und ist deshalb auch von den Physikern jetzt ganz verlassen worden, die sich vielmehr der Undulationstheorie von HUYGENS zuwandten.

Die mathematische Physik empfing den Anstoß zu dem besprochenen Fortschritt ohne erkennbaren Einfluß von GOETHE, hauptsächlich durch FARADAY, der ein ungelehrter Autodidakt war und wie GOETHE ein Feind der abstrakten Begriffe, mit denen er nicht umzugehen wußte. Seine ganze Auffassung der Physik beruhte auf Anschauung der Phänomene, und auch er suchte aus den Erklärungen derselben alles fernzuhalten, was nicht unmittelbarer Ausdruck beobachteter Tatsachen war. Vielleicht hing FARADAYS wunderbare Spürkraft in der Auffindung neuer Phänomene mit dieser Unbefangenheit und Freiheit von theoretischen Vorurteilen der bisherigen Wissenschaft zusammen. Jedenfalls war die Zahl der Wichtigkeit seiner Entdeckungen wohl geeignet, auch andere, zunächst die fähigsten unter seinen Landsleuten, in dieselbe Bahn zu lenken; bald folgten auch deutsche Forscher derselben Richtung. G. KIRCHHOFF beginnt sein Lehrbuch der Mechanik mit der Erklärung: Die Aufgabe der Mechanik ist: „die in der Natur vor sich gehenden Bewegungen *vollständig* und auf die *einfachste Weise* zu beschreiben". Was KIRCHHOFF hier unter der „einfachsten Weise" der Beschreibung versteht, dürfte meines Erachtens nicht weit von dem GOETHEschen Urphänomen abliegen.

Übrigens waren auch gerade die hervorragendsten unter den älteren mathematischen Physikern nicht so entfernt von derselben Auffassung. NEWTON und seine Zeitgenossen fanden große Schwierigkeit darin, sich Fernkräfte vorzustellen, welche durch den leeren Raum wirkten, gerade so wie neuerdings FARADAY und seine Schüler gegen dieselbe Vorstellung Widerspruch erhoben und die elektrisch-magnetischen Fernkräfte wirklich aus der Physik entfernt haben.

Andererseits ist es gar nicht schwer, das Grundgesetz für die Bewegung der Himmelskörper in der von GOETHE verlangten Weise als Urphänomen auszusprechen, so daß darin nur von beobachtbaren Tatsachen die Rede ist, nämlich so: „Wenn schwere Massen gleichzeitig im Raume vorhanden sind, erleidet jede einzelne von ihnen fortdauernd eine Beschleunigung ihrer Bewegung nach jeder anderen hin, deren Größe in der von NEWTON angegebenen Weise von den Massen und ihren gegenseitigen Entfernungen abhängt." Dabei ist vorausgesetzt, daß der Begriff der Beschleunigung schon erklärt ist, und auch welchen Sinn man dem gleichzeitigen Bestehen mehrerer Beschleunigungen und Geschwindigkeiten von verschiedener Richtung beizulegen habe. Massen, ihre Geschwindigkeiten und Beschleunigungen sind beobachtbare und meßbare Erscheinungen. Nur von solchen ist in dem ausgesprochenen Satze die Rede. Und doch enthält derselbe in sich den Keim, aus welchem der ganze Teil der Astronomie, der die Bewegungen der Gestirne berechnet, sich vollständig entwickeln läßt. Sie sehen aber auch gleich, wie schwerfällig und weitläufig eine solche Form meistens ausfällt.

NEWTON selbst sprach seine fundamentale Konzeption des Gravitationsgesetzes in einer Form aus, die das, was über die

Phänomene hinausgeht, nur als „Gleichnis" einführt. Die Himmelskörper bewegen sich nach ihm so, *als ob* sie durch eine Anziehungskraft der angeführten Größe gegeneinander hingezogen würden. GOETHE braucht das Wort „Gleichnis" ebenfalls in ähnlicher Weise, und zwar in lobendem Sinne, wo er in der Geschichte der Farbenlehre die Meinungen des englischen Mönches ROGER BACO auseinandersetzt; dabei fällt allerdings noch einiges Gewicht auf die alte scholastische Voraussetzung einer gewissen Gleichartigkeit zwischen Ursache und Wirkung, welche die neuere Naturwissenschaft nicht mehr anerkennt.

Bei SCHILLER liegt die Einsicht, daß es sich um das Gesetz handle, klar vor:

Der Weise
Sieht das vertraute Gesetz in des Zufalls grausenden Wundern[1],
Suchet den ruhenden Pol in der Erscheinungen Flucht.

Das Naturgesetz hat nun freilich noch eine andere Bedeutung uns Menschen gegenüber; es ist *nicht nur* ein Leitfaden für unseren beobachtenden Verstand; es beherrscht auch den Ablauf aller Vorgänge in der Natur, ohne daß wir darauf zu achten, es zu wünschen oder zu wollen brauchen, ja leider oft auch gegen unser Wünschen und Wollen. Wir müssen es also als Äußerungsweise einer Macht anerkennen, die in jedem Augenblicke, wo die Bedingungen für ihre Wirksamkeit eintreten, zu wirken bereit ist. In diesem Sinne bezeichnen wir es als *Kraft*, und da diese *Kraft* eben in jedem Augenblicke als wirkungsbereit und wirkungsfähig sich bewährt, schreiben wir ihr dauernde Existenz zu. Darauf beruht meines Erachtens auch die Bezeichnung der Kraft als *Ursache* der Veränderungen, die unter ihrem Einfluß vorgehen; sie ist das hinter dem Wechsel der Erscheinungen verborgene Bleibende. Die Bezeichnung *Sache* entspricht ihrem Sinne nach dem lateinischen res, von dem die Termini „real" und „Realität" abgeleitet sind; sie bezeichnet hier das Dauernde, Wirksame.

---

[1] Im Gedicht: „Der Spaziergang". Die mittlere Strophe bezieht sich unzweifelhaft auf LODERS Sammlung von Mißgeburten in der Anatomie zu Jena. LODER wies deren Zusammenhang mit dem normalen Typus nach.

Alle diese Umbildungen des Begriffes haben ihre volle Berechtigung, insoweit sie bestimmte, der Beobachtung zugängliche Verhältnisse von Tatsachen bezeichnen; und, richtig gebraucht, den großen Vorzug, daß die abstrakte Bezeichnungsform einen viel kürzeren sprachlichen Ausdruck zuläßt als die in Bedingungssätzen entwickelte Beschreibung des Urphänomens. Daß übrigens der Gebrauch abstrakter Begriffe im Munde unverständiger Leute, die den ursprünglichen Sinn nicht mehr kennen, zum abenteuerlichsten Unsinn auswachsen kann, ist ja nicht nur der theoretischen Physik eigentümlich.

Natürlich wäre es eine Täuschung, zu glauben, daß durch diese abstrakten Umformungen eine tiefere Einsicht in das Wesen der Sache gewonnen sei. GOETHE sagt in seinen Sprüchen in Prosa: „Wenn ich mich beim Urphänomen zuletzt beruhige, so ist es doch auch nur Resignation; aber es ist ein großer Unterschied, ob ich mich an die Grenzen der Menschheit resigniere oder innerhalb einer hypothetischen Beschränktheit meines bornierten Individuums."

Und weiter:

„Das unmittelbare Gewahrwerden von Urphänomenen versetzt uns in eine Art von Angst. Wir fühlen unsere Unzulänglichkeit; nur durch das ewige Spiel der Empirie belebt, erfreuen sie uns."

Indem wir in diesem Punkte dem gesunden Gefühl des Dichters und seiner tiefen Einsicht die höchste Anerkennung schenken müssen, dürfen wir doch andererseits nicht übergehen, wie das, was der Dichter in der Farbenlehre zu erreichen gesucht hat, gewisse Lücken zeigt, die die wissenschaftliche Behandlung dieses Gebietes nicht hätte stehenlassen dürfen. Er setzt in seiner Farbenlehre vielfach und ausführlich auseinander, wie nach seiner Meinung blaues oder gelbes Licht entstehe. Dabei sind es immer die Bilder heller oder dunkler Flächen, mit denen er operiert. Diese Bilder haben sich seiner Meinung nach gegeneinander verschoben, das Licht des einen soll durch das andere hindurchgehen, letzteres als trübes Medium auf das durchgehende Licht wirken (was, nebenbei gesagt, eine harte Zumutung an die Phantasie des Lesers ist). Aber er setzt nirgends auseinander, wie denn nun blaues und gelbes Licht nach seiner Vorstellung voneinander unterschieden sein sollen. Ihm genügt die Angabe, daß beide etwas Schattiges bei ihrem Durchgang durch die Körper erhalten hätten, aber er hält sich offenbar nicht für verpflichtet, anzugeben, wodurch das Schattige im Blau sich von dem im Gelb, und beide von dem in der Mischung beider, die er als Grün betrachtet, unterscheide. Und gerade in dieser Beziehung gibt NEWTONS und noch mehr HUYGENS' Undulationstheorie die bestimmtesten Definitionen, die durch die schärfsten Messungen in jeder Weise bestätigt worden sind und schließlich zu astronomischen Bestimmungen der Bahnelemente fernster Doppelsterne geführt haben, auf die man nie hoffen zu dürfen geglaubt hatte. Es ist die Anzahl der Lichtschwingungen in gleicher Zeit, welche die Farbe bestimmt, so wie andererseits die Anzahl der Tonschwingungen in gleicher Zeit die Tonhöhe bestimmt.

Offenbar ist ihm das optische *Bild*, was ihm die Anschauung eines bestimmt geformten körperlichen Gegenstandes oder Feldes hervorruft, das letzte anschaulich Vorstellbare und damit die Grenze seines Interesses gewesen. Die Mittel, durch welche eine solche sinnliche Anschauung gewonnen wird, traten dagegen zurück; ebensowenig spricht er sich bestimmt darüber aus, wie er sich das Verhältnis der Empfindungen, die in dem sehenden Auge hervorgerufen werden, zu dem objektiven Agens denkt, dem Lichte, dessen Anwesenheit und Art durch die Empfindung angezeigt wird.

Doch sind ihm diese Fragen durch seine Freunde nahegelegt worden. Er berichtet[1], daß er auf deren Drängen KANT studiert, und in der *Kritik der Urteilskraft* in der Tat viel Anregendes gefunden habe, wo er mit SCHILLER sich eng berührte, während er sich mit der *Kritik der reinen Vernunft* offenbar nicht recht befreunden konnte. „Ich gab allen Freunden vollkommen Beifall, die mit KANT behaupteten, wenn gleich alle unsere Erkenntnis mit der Erfahrung angehe, so entspringe sie darum doch nicht alle aus der Erfahrung." „Der Eingang war es, der mir gefiel, ins Labyrinth konnte ich mich nicht wagen; bald hinderte mich die Dichtungsgabe, bald der Menschenverstand, und ich fühlte mich nirgends ge-

[1] Zur Naturwissenschaft im allgemeinen. Einwirkung der neueren Philosophie.

bessert.“ Den ästhetischen Eindruck, den ihm „KANTS Welt der Dinge an sich“ machte, hat er unverkennbar bei Gelegenheit von *Fausts* Reise zu den „Müttern“ geschildert mit leiser Ironie:

„Um sie kein Ort, noch weniger eine Zeit,
Von ihnen sprechen ist Verlegenheit.“

„Nichts wirst du sehn in ewig leerer Ferne,
Den Schritt nicht hören, den du tust,
Nichts Festes finden, wo du ruhst.“

Nun hat die physiologische Untersuchung der Sinnesorgane und ihrer Tätigkeit schließlich Ergebnisse gezeitigt, die in den wesentlichsten Punkten (soweit ich selbst wenigstens sie für wesentlich halte) mit KANT zusammenstimmen, ja die greifbarsten Analogien mit KANTS transzendentaler Ästhetik schon im physiologischen Gebiete geben. Aber auch von naturwissenschaftlichem Standpunkte aus mußte Widerspruch erhoben werden gegen die Grenzlinie, welche KANT zwischen den Tatsachen der Erfahrung und den a priori gegebenen Formen der Anschauung gezogen hat, und bei der geforderten neuen Absteckung der Grenze, wobei namentlich die fundamentalen Sätze der Raumlehre unter die Erfahrungstatsachen rücken, dürften wir vielleicht erwarten, daß auch GOETHE sich nicht mehr durch das, was er den „Menschenverstand“ nennt, gehindert fühlen würde, sich anzuschließen.

Solche Formen der Anschauung, wie sie KANT für den ganzen Umfang unseres Vorstellungsgebietes nachzuweisen sucht, gibt es auch für die Wahrnehmungen der einzelnen Sinne:

Der Sehnerv empfindet alles, was er überhaupt empfindet, in der Form von Lichterscheinungen im Sehfelde. Es braucht nicht äußeres Licht zu sein, was ihn erregt. Auch ein Stoß oder Druck auf das Auge, eine Zerrung der Netzhaut bei schneller Bewegung des Auges, Elektrizität, die den Kopf durchfließt, veränderter Blutdruck erregen in ihm Empfindung; aber in allen diesen Fällen ist die erregte Empfindung immer nur Lichtempfindung und macht im Gesichtsfeld ganz denselben Eindruck, als rührte sie von einem äußeren Lichte her. Stoß, Druck, Zerrung, elektrische Strömung können aber auch die Haut erregen, wir fühlen sie dann als

Tastempfindungen; ja, dieselben Sonnenstrahlen, welche dem Auge als Licht erscheinen, erregen in der Haut die Empfindung von Wärmestrahlung. Durch elektrische Ströme erregen wir auch Geschmack oder Gehörempfindungen, je nachdem sie die Zunge oder das Ohr treffen.

Daraus also folgt der in neuerer Zeit viel besprochene Satz, daß gerade die eingreifendsten Unterschiede unserer Empfindungen *gar nicht* von dem Erregungsmittel, sondern nur von dem Sinnesorgan, welches erregt worden ist, abhängen. Wir erkennen die tief einschneidende Natur der bezeichneten Unterschiede an, indem wir von fünf verschiedenen Sinnen des Menschen reden. Zwischen Empfindungen verschiedener Sinne ist nicht einmal eine Vergleichung möglich, nicht einmal ein Verhältnis der Ähnlichkeit oder Unähnlichkeit. Daß wir ein Objekt als farbiges Gesichtsbild sehen, hängt nur vom Auge ab; in welcher besonderen Farbe wir es aber sehen, allerdings auch von der Art des Lichtes, das es uns zusendet. Dies Gesetz ist von JOHANNES MÜLLER, dem Physiologen, nachgewiesen worden und als das *Gesetz der spezifischen Sinnesenergien* bezeichnet. Aber auch die im einzelnen weitergeführten Vergleiche der Qualitäten der Empfindungen je eines Sinnes mit den Qualitäten der einwirkenden Reizmittel lassen erkennen, daß Gleichheit des Farbeneindrucks bei den verschiedensten Lichtmischungen vorkommen kann und gar nicht mit der Gleichheit irgendwelcher anderen physikalischen Wirkung des Lichtes zusammenfällt.

Ich habe deshalb die Beziehung zwischen der Empfindung und ihrem Objekte so formulieren zu müssen geglaubt, daß ich die Empfindung nur für ein *Zeichen* von der Einwirkung des Objektes erklärte. Zum Wesen eines Zeichens gehört nur, daß für das gleiche Objekt immer dasselbe Zeichen gegeben werde. Übrigens ist gar keine Art von Ähnlichkeit zwischen ihm und seinem Objekt nötig, ebensowenig wie zwischen dem gesprochenen Worte und dem Gegenstand, den wir dadurch bezeichnen.

Wir können die Sinneseindrücke nicht einmal Bilder nennen; denn ein Bild bildet Gleiches durch Gleiches ab. In einer Statue geben wir Körperform durch Körperform, in einer Zeichnung den perspektivischen Anblick des Objektes durch den gleichen des Bildes, in einem Gemälde Farbe durch Farbe wieder.

Nur in bezug auf den zeitlichen Verlauf können die Empfindungen Bilder des Verlaufs der Ereignisse sein (Korrektionen vorbehalten). Unter die Bestimmungen des zeitlichen Verlaufs fällt die Zahl. In diesen Beziehungen leisten sie also in der Tat mehr, als bloße Zeichen tun würden.

Von den subjektiven Empfindungen des Auges hat GOETHE ziemlich viel gewußt, einige selbst entdeckt, die Lehre von den spezifischen Energien der Sinne hat er höchstens in unvollkommener Entwicklung durch A. SCHOPENHAUER kennengelernt. Was bei KANT oder dem älteren FICHTE darauf hinführen konnte, hat er abgelehnt, weil es mit anderen, für ihn unannehmbaren Behauptungen zusammenhing. Wie müssen wir nun staunen, wenn wir am Schluß des Faust den Zustand der seligen Geister, die die ewige Wahrheit von Angesicht zu Angesicht schauen, in den Worten des Chorus mysticus also geschildert finden:

„Alles Vergängliche ist nur ein Gleichnis",

d. h., was in der Zeit geschieht und was wir durch die Sinne wahrnehmen, das kennen wir nur im Gleichnis. Ich wüßte das Schlußergebnis unserer physiologischen Erkenntnislehre kaum prägnanter auszusprechen:

„Das Unzulängliche, hier wird's Ereignis."

Alle Kenntnis der Naturgesetze ist induktiv, keine Induktion ist je absolut fertig. Wir fühlen nach dem oben angeführten Bekenntnis des Dichters unsere Unzulänglichkeit zu tieferem Eindringen in einer Art von Angst. Das eintretende Ereignis erst berechtigt die Ergebnisse irdischen Denkens.

„Das Unbeschreibliche, hier ist's getan."

Das Unbeschreibliche, d. h. das, was nicht in Worte zu fassen ist, kennen wir nur in der Form der künstlerischen Darstellung, nur im Bilde. Für die Seligen wird es Wirklichkeit.

Damit sind unsere erkenntnistheoretischen Gesichtspunkte zu Ende. Die Schlußstrophe wendet sich in ein höheres

Gebiet. Sie zielt auf die Erhebung aller geistigen Tätigkeit im Dienste der Menschheit und des sittlichen Ideals, welches durch das Ewigweibliche symbolisiert ist.

Je tiefer wir in die innerste Werkstatt der Gedanken des Dichters einzudringen suchen, desto schwächer werden die von ihm selbst gegebenen Spuren, denen wir zu folgen haben. Indessen, wenn uns unser Weg schließlich zu demselben Ziel geführt hat wie ihn, so müssen wir es doch wohl anmerken, auch wo die Zwischenglieder fehlen und der Zusammenhang zweifelhaft erscheinen kann.

Faust rettet sich aus dem unbefriedigten Zustande des in sich selbst gewendeten Wissens und Grübelns, wo er nicht zum sicheren Besitz der Wahrheit zu kommen hoffen darf und die Wirklichkeit nicht zu erfassen weiß, zur Tat. Ehe er noch den Pakt mit Mephistopheles gemacht hat, führt ihn GOETHE vor, offenbar mit der Absicht, die spätere Entwicklung des zweiten Teils vorzubereiten, in der (später hinzugefügten) Szene, wo er das Johannes-Evangelium zu übersetzen unternimmt. Er stößt auf den viel erörterten Begriff des Logos: „Im Anfang war das Wort.“ Das Wort ist nur *Zeichen* seines *Sinnes*, dieser muß gemeint sein; der Sinn eines Wortes ist ein *Begriff* oder, wenn es sich auf Geschehendes bezieht, ein *Naturgesetz*, welches, wie wir gesehen, wenn es als Dauerndes, Wirksames aufgefaßt wird, als *Kraft* zu bezeichnen ist. So liegt in diesem Übergange vom Wort zum Sinn und zur Kraft, den Faust in seinen Übersetzungsversuchen macht, zunächst eine zusammenhängende Weiterbildung des Begriffes. Aber auch die Kraft genügt ihm nicht, er macht nun einen entschiedenen Gedankensprung:

„Mir hilft der Geist, auf einmal seh' ich Rat
Und schreib' getrost: Im Anfang war die Tat.“

Die Stelle des Evangeliums bezieht sich allerdings auf die Urzustände des schöpferischen Geistes, aber *Faust* sucht nach eigener Beruhigung und findet eine Hoffnung dafür in diesem Gedanken, der den teuflischen Pudel mit gesteigertem Mißbehagen füllt, weil er sein Opfer eine rettende Spur finden sieht. Ich glaube also nicht, daß GOETHE uns *Faust* hier nur durch das theoretische Interesse an dem Akt der Weltschöpfung bewegt, vorführen wollte, sondern mehr noch durch seinen subjektiven Durst nach den Wegen zur Wahrheit.

Das erkenntnistheoretische Gegenbild dieser Szene liegt nun darin, daß die Bemühungen der philosophischen Schulen, die Überzeugung von der Existenz der Wirklichkeit zu begründen, erfolglos bleiben mußten, solange sie nur vom passiven Beobachten der Außenwelt ausgingen. Sie kamen nicht heraus aus ihrer Welt von Gleichnissen; sie erkannten nicht, daß die durch den Willen gesetzten Handlungen des Menschen einen unentbehrlichen Teil unserer Erkenntnisquellen bildeten. Wir haben gesehen, unsere Sinneseindrücke sind nur eine Zeichensprache, die uns von der Außenwelt berichtet. Wir Menschen müssen erst lernen, dieses Zeichensystem zu verstehen, und das geschieht, indem wir den Erfolg unserer Handlungen beobachten und dadurch unterscheiden lernen, welche Änderungen in unseren Sinneseindrücken unseren Willensakten folgen, welche andere unabhängig vom Willen eintreten.

Daß und wie wir dadurch zur Kenntnis der Wirklichkeit gelangen, habe ich anderwärts auseinandergesetzt[1]. Hier würde es zu weit in abstrakteste Gedankenkreise führen; es genüge das Faktum, daß auch die auf die Physiologie der Sinne gestützte Erkenntnislehre den Menschen anweisen muß, zur *Tat* zu schreiten, um der Wirklichkeit sicher zu werden.

Erwähnen muß ich noch eine andere allegorische Figur GOETHES, nämlich den Erdgeist im Faust, auf den ich schon bei früherer Gelegenheit hingewiesen habe. Seine Worte, in denen er sein eigenes Wesen schildert, passen so vollständig auf eine andere neueste Konzeption der Naturwissenschaft, daß man sich schwer von dem Gedanken losreißen kann, sie sei gemeint. Der Geist sagt:

In Lebensfluten, im Tatensturm
Wall' ich auf und ab,
Wehe hin und her!
Geburt und Grab,
Ein ewiges Meer,

---

[1] Siehe meine „Vorträge und Reden" Bd. II: „Die Tatsachen in der Wahrnehmung."

Ein wechselnd Weben,
Ein glühend Leben,
So schaff' ich am sausenden Webstuhl der Zeit,
Und wirke der Gottheit lebendiges Kleid.

Nun wissen wir jetzt, daß der Welt ein unzerstörbarer und unvermehrbarer Vorrat von *Energie* oder wirkungsfähiger Triebkraft einwohnt, der in den mannigfachsten, immer wechselnden Formen erscheinen kann, bald als gehobenes Gewicht, bald im Schwunge bewegter Massen, bald als Wärme oder chemische Verwandtschaft usw., der in diesem Wechsel das Wirkende in jeder Wirkung bildet, sowohl im Reiche der lebenden Wesen wie der leblosen Körper.

Die Keime zu dieser Einsicht in die Konstanz des Wertes der Energie waren schon im vorigen Jahrhundert vorhanden und konnten GOETHE wohl bekannt sein. Die Vergleichung mit gleichzeitigen Aufsätzen von ihm (die Natur 1780) legt vielleicht den Gedanken näher, daß der Erdgeist Vertreter des organischen Lebens auf der Erde sein solle, wozu freilich die Worte „Ein glühend Leben" schlecht passen. Beide Auffassungen widersprechen sich nicht notwendig, da sowohl R. MAYER als ich selbst zu der Verallgemeinerung des Gesetzes von der Konstanz der Energie gerade durch Betrachtungen über den allgemeinen Charakter der Lebensvorgänge geführt worden sind.

Freilich können wir den konstanten Energievorrat jetzt nicht mehr auf die Erde beschränken, sondern müßten wenigstens die Sonne hinzunehmen. Indessen braucht eine Ahnung des Dichters nicht in allen Einzelheiten genau zu sein.

Als Schlußresultat dürfen wir wohl das Ergebnis unserer Betrachtungen dahin zusammenfassen: Wo es sich um Aufgaben handelt, die durch die in Anschauungsbildern sich ergehenden dichterischen Devinationen gelöst werden können, hat sich der Dichter der höchsten Leistungen fähig gezeigt, wo nur die bewußt durchgeführte induktive Methode hätte helfen können, ist er gescheitert. Aber wiederum, wo es sich um die höchsten Fragen über das Verhältnis der Vernunft zur Wirklichkeit handelt, schützt ihn sein gesundes Festhalten an der Wirklichkeit vor Irrgängen und leitet ihn sicher zu Einsichten, die bis an die Grenzen menschlicher Vernunft reichen.

Goethe über seine naturwissenschaftliche Denk- und Arbeitsweise[1].

Von MAX DOHRN, Berlin-Charlottenburg.

In GOETHES Farbenlehre finden wir folgende Bemerkung: „Ein Mann, der länger gelebt, ist verschiedene Epochen durchgegangen; er stimmt vielleicht nicht immer mit sich selbst überein; er trägt Manches vor, davon wir das Eine für wahr, das Andere für falsch ansprechen möchten: alles dieses darzustellen, zu sondern, zu bejahen, zu verneinen, ist eine unendliche Arbeit. Durch solche Betrachtungen veranlaßt, durch solche Nötigungen gedrängt, lassen wir meistens die Verfasser selbst sprechen." (Einleitung zur Geschichte der Farbenlehre.)

Diesen Satz möchte ich befolgen. Ich kann also nichts Besseres tun, als möglichst GOETHE selbst über seine naturwissenschaftlichen Arbeiten reden lassen, zumal seine Persönlichkeit dadurch lebhaft vor unsere Augen tritt. Es soll hier nicht untersucht werden, inwiefern GOETHE sich an Vorgänger angelehnt, inwieweit er in diesem oder jenem Punkt unrecht hat. Wir wollen vielmehr hören, welche Stellung er selbst durch seine Forschung zu den Naturwissenschaften eingenommen hat, wenn ich jetzt versuche, Ihnen einen Einblick in diese zu verschaffen. Wir müssen bedenken, daß GOETHE durch seine SPINOZA-Weltanschauung Anhänger der Gottheitnatur war, daß er an die Naturwissenschaften mit einem angeborenen Wissensdrang heranging, daß er es tat als Philosoph und Künstler.

Nach Schilderung seiner ersten Begegnung mit naturwissenschaftlichen Fragen möchte ich hier die Arbeiten aus den einzelnen Zweigen der Naturwissenschaft nacheinander darlegen.

---

[1] Vortrag, am 21. Januar 1932 gehalten im Colloquium des Hauptlaboratoriums der Schering-Kahlbaum A.G. und am 11. März 1932 in der Kaiser Wilhelm-Gesellschaft zur Förderung der Wissenschaften und der Physiologischen Gesellschaft.

Mit 16 Jahren sehen wir GOETHE zuerst als Studenten in Leipzig mit Naturwissenschaft sich beschäftigen. Neben seinen juristischen Kollegs hört er solche über Physik, insbesondere Elektrizitätslehre. Als er dann im September 1768 nach Frankfurt zurückkehrt, liest er gemeinsam mit einer Freundin seiner Mutter, Fräulein VON KLETTENBERG, die Werke des THEOPHRASTUS PARACELSUS und BASILIUS VALENTINUS sowie die Lehren des HELMOND, STARKEY und anderen. Von der älteren Freundin sagt er: „Sie hatte schon früher angefangen, sich einen kleinen Windofen, Kolben und Retorten von mäßiger Größe anzuschaffen, und operierte nach WELLINGischen Fingerzeigen und nach bedeutenden Winken des Arztes und Meisters besonders auf Eisen, in welchem die heilsamsten Kräfte verborgen sein sollten, wenn man es aufzuschließen wisse. Ich lernte sehr geschwind mit einer brennenden Lunte die Glaskolben in Schalen zu verwandeln, in welchen die verschiedenen Mischungen abgeraucht werden sollten. Nun wurden sonderbare Ingredienzien des Makrokosmos und Mikrokosmos auf eine geheimnisvolle, wunderliche Weise behandelt.“ GOETHE beschreibt sodann weiter, wie er die Quarzkiesel des Main mit Alkali aufschloß und zum sogenannten Liquor silicum, dem Kieselsaft, gelangte, dessen physikalisch-chemische Eigenschaften ihn ungemein interessierten. (Dichtung und Wahrheit II., 8. Buch.)

Im folgenden Semester hört GOETHE in Straßburg zum ersten Mal neben Jurisprudenz Vorlesungen über Chemie, Anatomie, das Klinikum und Geburtshilfe, und beschäftigt sich in privaten Gesprächen viel mit naturwissenschaftlichen Fragen, da er ebenso wie in Leipzig fast nur mit Medizinern verkehrte, wovon er erzählt: „Die Namen HALLER, LINNÉ und BUFFON hörte ich mit großer Verehrung nennen, und wenn auch manchmal wegen Irrtümer, in die sie gefallen sein sollten, ein Streit entstand, so kam doch zuletzt dem anerkannten Übermaß ihrer Verdienste zu Ehren alles wieder ins Gleiche. Die Gegenstände waren unterhaltend und bedeutend und spannten meine Aufmerksamkeit. Viele Benennungen und eine weitläuftige Terminologie wurden mir nach und nach bekannt.“ (Dichtung und Wahrheit II, 6. Buch.)

In Straßburg lernt GOETHE HERDER kennen, zu dem sich ein freundschaftliches Verhältnis entwickelte. Doch nach anfänglicher Übereinstimmung in Fragen der Naturstudien gab es bald eine Reihe von Themen, die nicht mehr behandelt wurden und worüber GOETHE sagt: „Am meisten verbarg ich vor HERDER meine mystisch-kabbalistische Chemie und was sich darauf bezog. Ob ich mich gleich noch sehr gern heimlich beschäftigte, sie konsequenter auszubilden, als man sie mir überliefert hatte." (Dichtung und Wahrheit II., 10. Buch.) Und an Fräulein VON KLETTENBERG schreibt er: „Die Jurisprudenz fängt an mir sehr zu gefallen. So ist's doch mit allem so wie mit dem Merseburger Bier, das erste Mal schauert man, und hat mans eine Woche lang getrunken, so kann mans nicht mehr lassen. Und die Chymie ist noch immer meine heimlich Geliebte." (Brief vom 26. 8. 1770.)

Über seine weitere Tätigkeit in Straßburg sagt er: „Das Juristische trieb ich mit soviel Fleiß als nötig war, um die Promotion mit einigen Ehren zu absolvieren; das Medizinische reizte mich, weil es mir die Natur nach allen Seiten, wo nicht aufschloß, doch gewahr werden ließ, und ich war daran durch Umgang und Gewohnheit gebunden." (Dichtung und Wahrheit II., 6. Buch.)

Auf die Straßburger Zeit in den Jahren 1770 und 1771 folgten 5 Jahre in Frankfurt, die literarisch wohl die fruchtbarsten für GOETHE waren. In rascher Folge erschienen seine Arbeiten, neben dem Götz, Clavigo und kleinen Singspielen entstand der Werther, mit dem GOETHE über ganz Europa bekannt wurde. Im Dezember 1774 geschah das Entscheidende für GOETHES ferneres Leben, da sein Freund KNEBEL ihn mit dem Erbprinzen KARL AUGUST von Sachsen-Weimar bekannt machte, der ihn nach seinem Regierungsantritt im Jahre darauf nach Weimar berief, wo GOETHE am 7. November 1775 eintraf.

Um die nun einsetzende Schaffenszeit GOETHES zu verstehen, sei ein Wort über KARL AUGUST eingeschaltet. Mit angeborenem Zug zum Praktischen sehen wir den Herzog in eifriger Tätigkeit zum Besten seines Landes. Wasserbauten, Viehzucht, die Anlegung des Krappbaues und einer Krappfabrik sowie der Anbau des Waides, des Surrogats für Indigo, beschäftigten ihn. 1784 schreibt KARL AUGUST an KNEBEL: „Die Naturwissenschaft ist so menschlich, so wahr, daß ich jedem Glück wünsche, der sich ihr auch nur etwas ergiebt.“ Und nach der Niederlage 1806 äußert er: „In meiner Verzweiflung hat mich allein die alte Liebe zur Natur aufrechterhalten und ich habe mich in sie versenkt. Und da mich die Menschen anekelten, bin ich zu den Pflanzen gegangen — und habe sie studiert, und habe mit den Blumen verkehrt — und die Blumen haben mich nicht betrogen.“

Später schrieb ALEXANDER VON HUMBOLDT an GOETHE vor KARL AUGUSTS Tod: „Er bedrängt mich mit den schwierigsten Fragen der Physik, Astronomie, Meteorologie und Geognosie, über Durchlässigkeit eines Kometenkerns, über Mondatmosphäre, über die farbigen Doppelsterne, über Einfluß der Sonnenflecke auf Temperatur, Erscheinen der organischen Formen in der Urwelt, innere Erdwärme.“ (J. P. ECKERMANN. Gespräche mit GOETHE. 23. 10. 1828.)

Das war der Mann, der GOETHE nach Weimar berufen hatte und von dem GOETHE sagt: „Der Großherzog war eine dämonische Natur, voll unbegrenzter Tatkraft und Unruhe, sodaß sein eigenes Reich ihm zu klein war und das größte ihm zu klein gewesen wäre.“ Durch die Jagden mit dem Herzog im Weimarischen Gelände wird das Interesse GOETHES auf das Forstwesen gelenkt, auf die Waldkunde und die Botanik, ebenso wie der Ilmenauer Bergbau der Ausgangspunkt zur Beschäftigung mit der Geologie wird. Bald wird auch bei GOETHE das Interesse für die Chemie wieder wach. In Weimar war der Apotheker Dr. BUCHHOLZ, ein Mann mit vielen Interessen, der, wie GOETHE sagt, „mit ruhmwürdiger Lernbegierde seine Tätigkeit auf die Naturwissenschaften richtete. Chemie und Botanik gingen damals vereint aus den ärztlichen Bedürfnissen hervor, und wie der berühmte Dr. BUCHHOLZ mit seinem Dispensarium sich in die höhere Chemie wagte, so schritt er auch aus den engen Gewürzbeeten in die freiere Pflanzenwelt.“ (Zur Morphologie. Geschichte meines botan. Studiums.) Der Herzog ließ ihn Gärten und eine botanische Anstalt anlegen, was GOETHE veranlaßte, sich mehr und mehr mit den wissenschaftlichen Fragen der Botanik zu beschäftigen. „LINNÉS Philosophie der Botanik war mein tägliches

Studium", und bald bekennt GOETHE, daß nach SHAKESPEARE und SPINOZA die größte Wirkung von LINNÉ auf ihn ausgegangen sei. (Zur Morphologie, Geschichte meines botanischen Studiums.)

Vom Ernst seiner Stellung durchdrungen, faßte GOETHE die Amtspflichten mit äußerster Strenge auf. Die amtliche Stellung verlangte also nicht allein Beschäftigung mit Botanik und Chemie, sondern auch bald mit anderen Zweigen der Naturwissenschaft. Es war dies für ihn durchaus neu, und hören wir ihn selbst, wie er diesen Übergang von der rein schriftstellerischen Tätigkeit schildert:

„Von dem, was eigentlich äußere Natur heißt, hatte ich keinen Begriff, und von ihren sogenannten drei Reichen nicht die geringste Kenntniß. Von Kindheit auf war ich gewohnt, in wohleingerichteten Ziergärten den Flor der Tulpen, Ranunkeln und Nelken bewundert zu sehen, und wenn außer den gewöhnlichen Obstsorten auch Aprikosen, Pfirsiche und Trauben wohl gerieten, so waren dies genügende Feste den Jungen und den Alten. An exotische Pflanzen wurde nicht gedacht, noch viel weniger daran, Naturgeschichte in der Schule zu lehren. Die ersten von mir herausgegebenen poetischen Versuche wurden mit Beifall aufgenommen, welche jedoch eigentlich nur den inneren Menschen schildern und von den Gemütsbewegungen genugsame Kenntnis voraussetzen. Hier und da mag sich ein Anklang finden von einem leidenschaftlichen Ergetzen an ländlichen Naturgegenständen, sowie von einem ernsten Drange, das ungeheure Geheimnis, das sich in stetigem Erschaffen und Zerstören an den Tag gibt, zu erkennen, ob sich schon dieser Trieb in ein unbestimmtes, unbefriedigtes Hinbrüten zu verlieren scheint. In das tätige Leben jedoch sowohl als in die Sphäre der Wissenschaft trat ich eigentlich zuerst, als der edle Weimarische Kreis mich günstig aufnahm, wo außer andern unschätzbaren Vorteilen mich der Gewinn beglückte, Stuben- und Stadtluft mit Land-, Wald- und Gartenatmosphäre zu vertauschen." (Zur Morphologie. Geschichte meines botanischen Studiums.)

Als Geheimrat und späterer Minister gehörte zu GOETHES Obliegenheiten auch die Verwaltung der Universität Jena, wobei er mit den Jenenser Professoren stets persönlich verhandelte, so daß er besonders mit der naturwissenschaftlichen und medizinischen Fakultät in engster Fühlung stand. Auch die Gründung des naturwissenschaftlichen Museums und der staatlichen Bibliothek beschäftigen ihn in regem Maße. Zur Leitung dieser Bibliothek berief er aus Göttingen den Professor BÜTTNER, den GOETHE später „das alte lebendige encyclopädische Diktionair“ nannte (an Frau v. STEIN, 8. III. 1785). Der Jenenser Chemiker GÖTTLING verhandelt mit dem Herzog und mit GOETHE eingehendst über die Gewinnung von Zucker aus Rüben. Mit GÖTTLINGS Nachfolger, dem Chemiker DÖBEREINER, wird die Gewinnung von Zucker aus Stärke besprochen, besonders mit Rücksicht auf einen Versuch im PAPINschen Topf. „Es fragt sich nemlich, wie es mit dieser Zuckerfabrikation aus Stärke sich verhalten werde, wenn man eine größere Hitze als die Siedehitze bey der Operation wird anwenden können.“ (Tagebuch III, 4, 270.) Und mit philosophischer Andeutung notiert GOETHE: „Es wird soweit kommen, daß die mechanische und atomistische Vorstellungsart in guten Köpfen ganz verdrängt und alle Phänomene als dynamisch und chemisch erscheinen und so das göttliche Leben der Natur immer mehr betätigen werden.“ (Tagebuch III, 4, 271.)

1793 wird die naturforschende Gesellschaft gegründet und GOETHE 1804 zu ihrem Präsidenten erwählt. Die medizinische und die naturwissenschaftliche Fakultät wird allmählich in Jena durch Institute hervorragend gut ausgebaut. Aus den Briefen mit DÖBEREINER spricht ein geradezu erstaunliches Verständnis für chemische Fragen, und alle Fortschritte interessieren ihn aufs äußerste. Er schreibt: „Die großen Fortschritte der Chemie rechne ich unter die glücklichen Ereignisse, die mir begegnen.“ (Brief an DÖBEREINER, 26. XII. 1812.) Und vom Chemiker schreibt er: „Er spürt den allgemeinen Gesetzen der Natur nach, insofern sie sich auch im Mineralreich offenbaren. Ihm ist Gestaltetes, Mißgestaltetes, Ungestaltetes auf gleiche Weise unterworfen. Nur die Frage sucht er zu beantworten: „Wie bezieht sich das Einzelne auf jene ewige, unendliche Angel, um die sich Alles, was ist, zu drehen hat?“ (Zur Naturwissenschaft im Allgemeinen, S. 136.) Die Anlage von Bad Berka und der Schwefelgehalt der dortigen Quellen, der Braunsteingehalt der Siegener Eisensteine zur Stahlbereitung, neue Möglichkeiten zu diesem Problem, Analysen über böhmische Mineralien, die Steinkohlenteererzeugung und Verarbeitung für Straßenbeleuchtung sowie die chemisch-physikalischen Bedingungen zur Errichtung einer Dampfheizung in den Gewächshäusern und anderes werden aufs eingehendste brieflich diskutiert. GOETHE studiert DÖBEREINERS Handbuch der Chemie, das noch heute im GOETHE-Haus zu Weimar unter der umfangreichen chemischen Literatur zu finden ist.

Wie GOETHES naturwissenschaftliche Denk- und Arbeitsweise war, das möchte ich aus an den verschiedensten Stellen seiner Schriften geäußerten Gedanken wiedergeben. Manche davon dürften gerade für unseren Kreis besonderes Interesse haben. So schreibt er:

„Wenn wir die Erfahrungen, welche vor uns gemacht worden, die wir selbst und andere zu gleicher Zeit mit uns machen, vorsätzlich wiederholen und die Phänomene, die theils zufällig, theils künstlich entstanden sind, wieder darstellen, so nennen wir dieses einen Versuch. Der Wert eines Versuchs besteht vorzüglich darin, daß er, er sei nun einfach oder zusammengesetzt, unter gewissen Bedingungen mit einem bekannten Apparat und mit erforderlicher Geschicklichkeit jederzeit wieder hervorgebracht werden könne, so oft sich die bedingten Umstände vereinigen lassen. Man kann sich nicht genug in Acht nehmen, aus Versuchen nicht zu geschwind zu folgern; denn beim Übergang von der Erfahrung zum Urteil, von der Erkenntnis zur Anwendung ist es, wo dem Menschen gleichsam wie an einem Passe alle seine inneren Feinde auflauern, Einbildungskraft, Ungeduld, Vorschnelligkeit, Selbstzufriedenheit, Steifheit, Gedankenform, vorgefaßte Meinung, Bequemlichkeit, Leichtsinn, Veränderlichkeit und wie die ganze Schaar mit ihrem Gefolge heißen mag: Alle liegen hier im Hinterhalte und überwältigen unversehens sowohl den handelnden Weltmann als auch den stillen, vor allen Leidenschaften gesichert scheinenden Beobachter."

„In der lebendigen Natur geschieht nichts, was nicht in einer Verbindung mit dem Ganzen stehe, und wenn uns die Erfahrungen nur isoliert erscheinen, wenn wir die Versuche nur als isolierte Fakta anzusehen haben, so wird dadurch nicht gesagt, daß sie isoliert seien; es ist nur die Frage: Wie finden wir die Verbindung dieser Phänomene, dieser Begebenheiten? Da alles in der Natur, besonders aber die allgemeineren Kräfte und Elemente in einer ewigen Wirkung und Gegenwirkung sind, so kann man von einem jeden Phänomene sagen, daß es mit unzähligen andern in Verbindung stehe."

„Haben wir also einen solchen Versuch gefaßt, eine solche Erfahrung gemacht, so können wir nicht sorgfältig genug untersuchen, was unmittelbar an ihn grenzt, was zunächst auf ihn folgt. Dieses ist's, worauf wir mehr zu sehen haben, als auf das, was sich auf ihn bezieht. Die Vermannichfaltigung eines jeden einzelnen Versuchs ist also die eigentliche Pflicht eines jeden Naturforschers."

„Die Natur gehört sich selbst an, Wesen den Wesen; der Mensch gehört ihr, sie den Menschen. Wer mit gesunden, offnen, freien Sinnen sich hineinfühlt, übt sein Recht aus. Wundersam ist es daher, wenn die Naturforscher sich im ungemessenen Felde den Platz untereinander bestreiten und eine grenzenlose Welt sich wechselsweise verengen möchten. Erfahren, Schauen, Beobachten, Betrachten, Verknüpfen, Entdecken, Erfinden sind Geistestätigkeiten, welche tausendfältig, einzeln und zusammen genommen, von mehr oder weniger begabten Menschen ausgeübt werden. Bemerken, Sondern, Zählen, Messen, Wägen sind gleichfalls große Hilfsmittel, durch welche der Mensch die Natur erfaßt und über sie Herr zu werden sucht, damit er zuletzt Alles zu seinem Nutzen verwendet." (Zur Naturwissenschaft im Allgemeinen.) „Beim Übergang von der Erfahrung zum Urteil gerät der Forscher in die größte Gefahr des Irrtums. Ich habe mich bei der Methode mit Mehreren zu arbeiten zu wohl befunden, als daß ich nicht solche fortsetzen sollte. Es gilt also auch hier, was bei so vielen anderen menschlichen Unternehmungen gilt, daß nur das Interesse Mehrerer auf einen Punkt gerichtet, etwas Vorzügliches hervorzubringen im Stande ist. Zum Entdecken gehört Glück, zum Erfinden Geist, und beide können beides nicht entbehren. Was man erfindet, thut man mit Liebe, was man gelernt hat, mit Sicherheit. Was ist denn das Erfinden? Es ist der Abschluß des Gesuchten. Sich auf eine Entdeckung etwas zu Gute tun, ist ein edles, rechtmäßiges Gefühl. Es wird jedoch sehr bald gekränkt; denn wie schnell erfährt ein junger Mann, daß die Altvordern ihm zuvorgekommen sind! Diesen erregten Verdruß nennen die Engländer sehr schicklich Mortification; denn es ist eine wahre Ertödtung des alten Adam's, wenn wir unser besonderes Verdienst aufgeben, uns zwar in der ganzen Menschheit selbst hochschätzen, unsere Eigenthümlichkeit jedoch als Opfer hinliefern sollen. Man sieht sich unwillig doppelt, man findet sich mit der Menschheit und also mit sich selbst in Rivalität. Geschieht es aber, daß eine solche Entdeckung, über die wir uns im Stillen freuen, durch Mitlebende, die nichts von uns sowie wir nichts von ihnen wissen, aber auf denselben bedeutenden Gedanken geraten, früher in die Welt gefördert wird, so entsteht ein Mißbehagen, das viel verdrießlicher ist als im vorhergehenden Falle. Und doch ziehen manchmal gewisse Gesinnungen und Gedanken schon in der Luft umher, sodaß Mehrere sie erfassen können. Gewisse Vorstellungen werden reif. Auch in verschiedenen Gärten fallen Früchte zu gleicher Zeit vom Baume. Beim Wiedererwachen der Wissenschaften, wo so Manches zu entdecken war, half man sich durch Logogryphen. Wer einen glücklichen, folgereichen Gedanken hatte und ihn nicht gleich offenbaren wollte, gab ihn versteckt in einem Worträthsel ins Publikum. Späterhin legte man dergleichen Entdeckungen bei den Akademien nieder, um der Ehre des geistigen Besitzes gewiß zu sein, woher denn bei den Engländern, die wie billig aus Allem Nutzen und Vortheil ziehen, die Patente den Ursprung nahmen, wodurch für eine gewisse Zeit die Nachbildung irgendeines Erfundenen verboten wird.“

„Eine falsche Hypothese ist besser als gar keine; denn das sie falsch ist, ist gar kein Schade. Theorien sind gewöhnlich Uebereilungen eines ungeduldigen Verstandes, der an die Stelle des Phänomens Bilder, Begriffe, ja oft nur Worte einschiebt. Alles kommt in der Wissenschaft auf das an, was man einen Aperçu nennt, auf Gewahrwerden dessen, was eigentlich der Erfahrung zum Grunde liegt und ein solches Gewahrwerden ist in's Unendliche fruchtbar. Das bloße Anblicken einer Sache kann uns nicht fördern. Jedes Ansehen geht über in ein Betrachten, jedes Betrachtete in ein Sinnen, jedes Sinnen in ein Verknüpfen, und so kann man sagen, daß wir schon bei jedem aufmerksamen Blick in die Welt theoretisieren. Dieses aber mit Bewußtsein, mit Selbstkenntnis, mit Freiheit und, um uns eines gewagten Wortes zu bedienen, mit Ironie zu tun und vorzunehmen, eine solche Gewandtheit ist nötig, wenn die Abstraktion, vor der wir uns fürchten, unschädlich und das Erfahrungsresultat, das wir hoffen, recht beständig und nützlich werden soll. Um manches Mißverständnis zu vermeiden, sollte ich freilich vor allen Dingen erklären, daß meine Art, die Gegenstände der Natur anzusehen und zu behandeln, von dem Ganzen zu dem Einzelnen, vom Totaleindruck zur Beobachtung der Theile fortschreitet, und daß ich mir dabei recht wohl bewußt bin, wie diese Art der Naturforschung, so gut als die entgegengesetzte, gewissen Eigenheiten, ja wohl gewissen Vortheilen unterworfen sei." (Zur Morphologie.)

Wenn wir hörten, wie GOETHE von LINNÉS Philosophie der Botanik beherrscht wurde, so muß bemerkt werden, daß LINNÉ mit seinem natürlichen System, das sich nur auf äußere Merkmale aufbaute, die damaligen Botaniker mit ihren anatomischen und physiologischen Studien völlig aus ihrer Arbeitsrichtung geworfen hatte. Ja, LINNÉ soll demjenigen den Preis zuerkannt haben, der die meisten Pflanzenspezies kannte und unterschied. GOETHE führte überall das Büchlein von LINNÉ in der Tasche mit sich. Aber je mehr GOETHE sich in die Botanik vertiefte, desto mehr rückte er von LINNÉ ab. Er sagt darüber: „Denn indem ich sein scharfes, geistreiches Absondern, seine treffenden, zweckmäßigen, oft aber willkürlichen Gesetze in mich aufzunehmen versuchte, ging in meinem Innern ein Zwiespalt vor: Das, was er mit Gewalt auseinanderzuhalten suchte, mußte nach dem innersten Bedürfnis meines Wesens zur Vereinigung streben." (Zur Morphologie, Geschichte meines botanischen Studiums.) Besonders auch die Terminologie und ihr Auswendiglernen war GOETHE fatal, legte doch er Wert auf Pflanzenbeobachtung in bezug auf ihr Wachstum und ihre Entwicklung. GOETHE sagt einmal: „Natürlich System, ein widersprechender Ausdruck. Die Natur hat kein System, sie hat, sie ist Leben und Folge aus einem unbekannten Centrum, zu einer nicht erkennbaren Grenze." (Zur Naturwissenschaft im Allgemeinen. Probleme.) Was ihn bei seiner ersten italienischen Reise nach Überschreiten des Brenners faszinierte, war das „Gewahrwerden der wesentlichen Form, mit der die Natur gleichsam nur immer spielt und spielend das mannigfaltige Leben hervorbringt". (An Frau v. STEIN, 9. VII. 1786.) Auf seiner Reise durch Italien und Sizilien sucht er nach einer Urpflanze, ausgehend von dem Gedanken, eine möglichst einfache Pflanzenform zu finden, von der sich alle anderen Wuchsformen ableiten ließen. Er nennt es: „Eine Forderung, die mir damals unter der sinnlichen Form einer übersinnlichen Urpflanze vorschwebte. Ich ging allen Gestalten, wie sie mir vorkamen, in ihren Veränderungen nach, und so leuchtete mir am letzten Ziele meiner italienischen Reise, in Sizilien, die ursprüngliche Identität aller Pflanzenteile ein, und ich suchte diese nunmehr überall zu verfolgen und wieder gewahr zu werden." (Zur Morphologie. Geschichte meines botanischen Studiums.) Bald schreibt er an Frau VON STEIN: „Wie lesbar mir das Buch der Natur wird, kann ich Dir nicht ausdrücken; mein langes Buchstabieren hat mir geholfen, jetzt rückt's auf einmal, und meine stille Freude ist unaussprechlich. Soviel Neues ich finde, find' ich doch nicht Unerwartetes, es paßt Alles und schließt sich an, weil ich kein System habe und nichts will als die Wahrheit um ihrer selbst willen. Hier in dieser Mannigfaltigkeit wird jeder Gedanke immer lebendiger, daß man sich alle Pflanzengestalten vielleicht aus einer entwickeln könne. Hierdurch würde es allein möglich werden, Geschlechter und Arten wahrhaft zu bestimmen, welches wie mich dünkt, bisher sehr willkürlich geschieht." (9. VII. 1786.)

Immer mehr kommt GOETHE vom „System" ab, zumal er Geschlechter fand, bei denen nicht jedes Individuum die gleichen äußeren Merkmale besitzt, sondern wie die Rosen untereinander wesentlich in ihren Merkmalen abweichen. Er erkennt den Einfluß der Verschiedenheit des Bodens, wodurch „das Geschlecht sich zur Art, die Art zur Varietät und diese wieder durch andere Bedingungen ins Unendliche verändern kann" (Zur Morphologie, S. 71). Da kommt ihm der erlösende Gedanke, den er mit folgenden Worten notiert:

„Hypothese alles ist Blatt, und durch diese Einfachheit wird die größte Mannigfaltigkeit möglich.“ Später schreibt er darüber: „Es war mir aufgegangen, daß in demjenigen Organ der Pflanze, welches wir als Blatt gewöhnlich anzusprechen pflegen, der wahre Proteus verborgen liege, der sich in allen Gestaltungen verstecken und offenbaren könne. Vorwärts und rückwärts ist die Pflanze immer nur Blatt, mit dem künftigen Keime so unzertrennlich, daß man Eins ohne das Andere nicht denken darf.“ (An Frau v. STEIN, 17. V. 1787.) Damit hatte GOETHE den Grundgedanken für seine Pflanzenmetamorphose erfaßt: Das Blatt war das Grundorgan und alle anderen Glieder der Pflanzen sind nur modifizierte und metamorphisierte Blätter. Nachdem GOETHE in Rom noch umfangreiche weitere Studien über das Keimen von Samen gemacht und mikroskopisch die Entwicklung aus dem Samen beobachtet hat, kehrt er nach Deutschland zurück, und nach weiterer Ausbildung seiner Idee schreibt GOETHE seine Gedanken nieder.

Hören wir ihn über die Heimkehr von seiner zweijährigen italienischen Reise: „Aus Italien, dem formreichen, war ich in das gestaltlose Deutschland zurückgewiesen, heitern Himmel mit einem düsteren zu vertauschen; die Freunde, statt mich zu trösten und wieder an sich zu ziehen, brachten mich zur Verzweiflung. Im Laufe von zwei vergangenen Jahren hatte ich ununterbrochen beobachtet, gesammelt, gedacht, jede meiner Anlagen auszubilden gesucht. Wie die begünstigte griechische Nation verfahren, um die höchste Kunst im eigenen Nationalkreise zu entwickeln, hatte ich bis auf einen gewissen Grad einzusehen gelernt, sodaß ich hoffen konnte, nach und nach das Ganze zu überschauen und mir einen reinen, vorurteilsfreien Kunstgenuß zu bereiten. Ferner glaubte ich, der Natur abgemerkt zu haben, wie sie gesetzlich zu Werke gehe, um lebendiges Gebild, als Muster alles Künstlichen, hervorzubringen.“

„Wie ich mich nun in diesen Regionen hin- und herbewegte, mein Erkennen auszubilden bemüht, unternahm ich sogleich schriftlich zu verfassen, was mir am klarsten vor dem Sinne stand, und so ward das Nachdenken geregelt, die Erfahrung geordnet und der Augenblick festgehalten. Ich schrieb zu gleicher Zeit einen Aufsatz über Kunst, Manier und Stil, einen anderen, die Metamorphose der Pflanzen zu erklären und das römische Karneval; sie zeigen sämtlich, was damals in meinem Inneren vorging und welche Stellung ich gegen jene drei großen Weltgegenden genommen hatte. Der Versuch, die Metamorphose der Pflanzen zu erklären, d. h. die mannigfaltigen besonderen Erscheinungen des herrlichen Weltgartens auf ein allgemeines einfaches Prinzip zurückzuführen, war zuerst beschlossen." (Zur Morphologie. Schicksal der Handschrift.)

Wir lesen nun in seiner Metamorphose der Pflanzen von der sukzessiven Ausbildung der Blätter, wie nach der Entwicklung aus dem Samen „die fernere Ausbildung unaufhaltsam von Knoten zu Knoten durch das Blatt" (Die Metamorphose der Pflanzen II. Ausbildung der Stengelblätter von Knoten zu Knoten. 20.) vor sich geht. Der wahre erste Knotenpunkt der Pflanze ist derjenige, an dem die Samenlappen angeheftet sind. Diese nehmen allmählich Blattgestalt an und aus ihrer Mitte entwickelt sich der Stengel. Die fernere Entwicklung geht sodann von Knoten zu Knoten vor sich. „Dasselbe Organ, welches am Stengel als Blatt sich ausdehnt und eine höchst mannigfaltige Gestalt angenommen hat, zieht sich nun im Kelche zusammen, dehnt sich im Blumenblatt wieder aus, zieht sich in den Geschlechtswerkzeugen zusammen, um sich als Frucht zum letztenmal auszudehnen." (Die Metamorphose der Pflanzen XVIII. Wiederholung. 115.)

GOETHE entwickelt also den Fortschritt vom Blatt zur Blüte und zur Frucht, wie Kelch, Krone, Staubfäden, Griffel und Frucht nur Umwandlungen der Grundform Blatt sind. Er sagt: „Und so wären wir der Natur auf ihren Schritten so bedachtsam als möglich gefolgt; wir hätten die äußere Gestalt der Pflanze in allen ihren Umwandlungen, von ihrer Entwicklung aus dem Samenkorn bis zur neuen Bildung desselben begleitet und ohne Anmaßung, die ersten Triebfedern der Natur entdecken zu wollen, auf äußere Kräfte, durch welche die Pflanze ein und dasselbe Organ nach und nach umbildet, unsere Aufmerksamkeit gerichtet." (Die Metamorphose der Pflanzen. Rückblick und Übergang.)

GOETHE ging in der Botanik genau so vor wie in seinen Studien über die vergleichende Knochenlehre, er sucht das Gemeinsame in allen Formen, er verfolgt eine Beobachtung oder Erscheinung in ihrer Entwicklung, um zu einer Reihe zu kommen, vom Einfachen zum Komplizierten und umgekehrt. Dazu kommt seine Beobachtung, daß Licht, Klima, Wärme, Standort, Bewässerung usw. von wesentlichem Einfluß auf jegliche Form und Bildung sind. Also — worauf GOETHE besonderen Wert legt — innere und äußere Reize spielen mit. Er sagt: „Bei physischen Untersuchungen drängte sich mir die Überzeugung auf, daß bei aller Betrachtung der Gegenstände die höchste Pflicht sei, jede Bedingung, unter welcher ein Phänomen erscheint, genau aufzusuchen und nach möglichster Vollständigkeit der Phänomene zu trachten." (Zur Naturwissenschaft im Allgemeinen. S. 93.) So ist das gegenständliche Denken bei GOETHE in besonderem Maße ausgebildet, worüber er sich im späteren Alter äußert. Sein Verfahren, naturwissenschaftlich zu denken, beruht auf dem Ableiten, und nicht zu rasten, bis er einen prägnanten Punkt gefunden, von dem sich vieles ableiten läßt. „Findet sich in der Erfahrung irgendeine Erscheinung, die ich nicht abzuleiten weiß, so lass' ich sie als Problem liegen, und ich habe diese Verfahrungsart in einem langen Leben sehr vorteilhaft gefunden; denn wenn ich auch die Herkunft und Verknüpfung irgendeines Phänomens lange nicht enträthseln konnte, sondern es bei Seite lassen mußte, so fand sich nach Jahren auf einmal Alles aufgeklärt in dem schönsten Zusammenhange." (Bibliographische Einzelheiten. 1822. Bedeutende Fördernis durch ein einziges geistreiches Wort.)

Aus Erfahrung am durch Anschauung Erfaßten baut GOETHE seine Metamorphose der Pflanzen auf. So sagt er: „Es hat sich auch in dem wissenschaftlichen Menschen zu allen Zeiten ein Trieb hervorgethan, die lebendigen Bildungen als solche zu erkennen, ihre äußern, sichtbaren, greiflichen Theile im Zusammenhange zu erfassen, sie als Andeutungen des Innern aufzunehmen und so das Ganze in der Anschauung gewissermaßen zu beherrschen. Wie nah dieses wissenschaftliche Verlangen mit dem Kunst- und Nachahmungstriebe zusammenhänge, braucht wol nicht umständlich ausgeführt zu werden."

„Man findet daher in dem Gange der Kunst, des Wissens und der Wissenschaft mehrere Versuche, eine Lehre zu gründen und auszubilden, welche wir die Morphologie nennen möchten.“

„Der Deutsche hat für den Komplex des Daseins eines wirklichen Wesens das Wort Gestalt. Er abstrahiert bei diesem Ausdruck von dem Beweglichen, er nimmt an, daß ein Zusammengehöriges festgestellt, abgeschlossen und in seinem Charakter fixiert sei.“

„Betrachten wir aber alle Gestalten, besonders die organischen, so finden wir, daß nirgends ein Bestehendes, nirgend ein Ruhendes, ein Abgeschlossenes vorkommt, sondern daß vielmehr Alles in einer steten Bewegung schwanke. Daher unsere Sprache das Wort Bildung sowol von dem Hervorgebrachten als von dem Hervorgebrachtwerdenden gehörig genug zu brauchen pflegt.“

„Wollen wir also eine Morphologie einleiten, so dürfen wir nicht von Gestalt sprechen, sondern, wenn wir das Wort brauchen, uns allenfalls dabei nur die Idee, den Begriff oder ein in der Erfahrung nur für den Augenblick Festgehaltenes denken.“

„Das Gebildete wird sogleich wieder umgebildet, und wir haben uns, wenn wir einigermaßen zum lebendigen Anschaun der Natur gelangen wollen, selbst so beweglich und bildsam zu erhalten, nach dem Beispiele, mit dem sie uns vorgeht.“

„Jedes Lebendige ist kein Einzelnes, sondern eine Mehrheit; selbst insofern es uns als Individuum erscheint, bleibt es doch eine Versammlung von lebendigen, selbständigen Wesen, die der Idee, der Anlage nach gleich sind, in der Erscheinung aber gleich oder ähnlich, ungleich oder unähnlich werden können. Diese Wesen sind theils ursprünglich schon verbunden, theils finden und vereinigen sie sich. Sie entzweien sich und suchen sich wieder und bewirken so eine unendliche Produktion auf alle Weise und nach allen Seiten.“

„Je unvollkommener das Geschöpf ist, desto mehr sind diese Theile einander gleich oder ähnlich, und desto mehr gleichen sie dem Ganzen. Je vollkommner das Geschöpf wird, desto unähnlicher werden die Theile einander. In jenem Falle ist das Ganze den Theilen mehr oder weniger gleich, in diesem das Ganze den Theilen unähnlich. Je ähnlicher die Theile einander sind, desto weniger sie einander subordiniert. Die Subordination der Theile deutet auf ein vollkommeneres Geschöpf." (Zur Morphologie: Die Absicht eingeleitet.)

Wir glauben, GOETHE über ein modernes Problem der Medizin, die innere Sekretion, sprechen zu hören, wenn wir lesen:

„Allein noch wäre zu wünschen, daß zu einem schnellern Fortschritte der Physiologie im ganzen die Wechselwirkung aller Teile eines lebendigen Körpers sich niemals aus den Augen verlöre; denn bloß allein durch den Begriff, daß in einem organischen Körper alle Teile auf einen Teil hinwirken und jeder auf alle wieder seinen Einfluß ausübe, können wir nach und nach die Lücken der Physiologie auszufüllen hoffen."

„Man hat also nicht bloß auf das Nebeneinandersein der Teile zu sehen, sondern auf ihren lebendigen wechselseitigen Einfluß, auf ihre Abhängigkeit und Wirkung." (Vorträge über die drei ersten Kapitel des Entwurfs einer allgemeinen Einleitung in die vergleichende Anatomie, ausgehend von der Osteologie. 1796.)

GOETHE greift die Frage auf: „Inwiefern wir ein Unerforschtes für unerforschlich erklären dürfen, und wie weit es dem Menschen vorwärtszugehen erlaubt sei, ehe er Ursache habe, vor dem Unbegreiflichen zurückzutreten und davor stillezustehen. Unsere Meinung ist: daß es dem Menschen gar wohl gezieme, ein Unerforschliches anzunehmen, daß er dagegen aber seinem Forschen keine Grenze zu setzen habe; denn wenn auch die Natur gegen den Menschen im Vorteil steht und ihm manches zu verheimlichen scheint, so steht er wieder gegen sie im Vorteil, daß er, wenn auch nicht durch sie, doch über sie hinaus denken kann. Wir sind aber schon weit genug gegen sie vorgedrungen, wenn wir zu den Urphänomenen gelangen, welche wir in ihrer unerforschlichen Herrlichkeit von Angesicht zu Angesicht anschauen und uns sodann wieder rückwärts in die Welt der Erscheinungen wenden, wo das in seiner Einfalt Unbegreifliche sich in tausend und abertausend mannigfaltigen Erscheinungen bei aller Veränderlichkeit unveränderlich offenbart.“ (Zur Mineralogie und Geologie. Aufsatz über KARL WILHELM NOSE.) „Wenn ich mich bei'm Urphänomen zuletzt beruhige, so ist es doch auch immer Resignation; aber es bleibt ein großer Unterschied, ob ich mich an den Gränzen der Menschheit resigniere oder innerhalb einer hypothetischen Beschränktheit meines bornierten Individuums.“ (Sprüche in Prosa. Natur, IV.)

1789 schreibt GOETHE seine botanischen Arbeiten nieder und 1790 erscheint ein Heft von 86 Seiten bei Ettinger in Gotha, da sein Verleger Göschen die Übernahme abgelehnt hatte: J. W. v. GOETHE Herzoglich Sachsen-Weimarschen Geheimraths Versuch, die Metamorphose der Pflanzen zu erklären. „Kalte, fast unfreundliche Begegnung“, wie er sagt, fand seine Schrift bei den Fachgenossen „Von anderen Seiten her vernahm ich ähnliche Klänge; nirgends wollte man zugeben, daß Wissenschaft und Poesie vereinbar seien. Man vergaß, daß Wissenschaft sich aus Poesie entwickelt habe; man bedachte nicht, daß nach einem Umschwung von Zeiten beide sich wieder freundlich, zu beidseitigem Vorteil, auf höherer Stelle gar wohl wieder begegnen könnten. Überdies waren die Äußerungen meiner Freunde keineswegs von schonender Art, und es wiederholte sich dem vieljährigen Autor die Erfahrung, daß man gerade von geschenkten Exemplaren Unlust und Verdruß zu erleben hat. Kommt jemandem ein Buch durch Zufall oder Empfehlung in die Hand, er liest es, kauft es auch wohl; überreicht ihm aber ein Freund mit behaglicher Zuversicht sein Werk, so scheint es, als sei es darauf abgesehen, ein Geistesübergewicht aufzudrängen. Freundinnen, welche mich schon früher den einsamen Gebirgen, der Betrachtung starrer Felsen gern entzogen hätten, waren auch mit meiner abstrakten Gärtnerei keineswegs zufrieden. Pflanzen und Blumen sollten sich durch Gestalt, Farbe, Geruch auszeichnen; nun verschwanden sie aber zu einem gespensterhaften Schemen. Da versuchte ich diese wohlwollenden Gemüter zur Teilnahme durch eine Elegie zu locken.“ (Zur Morphologie. Schicksal der Druckschrift.)

Es folgt nunmehr die wunderbare Elegie über die Metamorphose der Pflanzen, in der GOETHE seine botanischen Arbeiten in poetischer Form darlegt.

Später setzt er seine botanischen Studien fort. Die Phänomene des Abbleichens und Abweißens der Pflanzen im Finstern beschäftigen ihn, der Heliotropismus wird von ihm als Erstem beschrieben, und die Absicht, eine Pflanzenphysiologie zu schreiben, erwogen. Allmählich fand seine Lehre von der Metamorphose doch gewisse Anerkennung in der Wissenschaft. Noch ein Jahr vor seinem Tode hat dann GOETHE eine Abhandlung über die Spiraltendenz in der Pflanze geschrieben, der aber keine Anerkennung zuteil wurde.

Bald nach Eintritt in den Staatsdienst überträgt ihm der Herzog auch die Leitung der Bergbaugeschäfte, da ihm daran liegt, den seit langer Zeit vernachlässigten Ilmenauer Bergbau wieder zu beleben. Dies regt das Interesse für Mineralogie bei GOETHE an, und es werden daher die Thüringer Berge durchquert und eifrigst nicht nur mineralogische, sondern auch geologische Studien gemacht über Bildungsweise und Bildungsepochen der Erdoberfläche. Er sagt dazu: „Wo der Mensch im Leben hergekommen, die Seite, von welcher er in ein Fach hereingekommen, läßt ihm einen bleibenden Eindruck, eine gewisse Richtung seines Ganges für die Folge, welches natürlich und notwendig ist. Ich aber habe mich der Geognosie befreundet, veranlaßt durch den Flötzbergbau.“ (Zur Mineralogie und Geologie. Verschiedene Bekenntnisse.) In einem Brief an MERCK (11. X. 1780) schreibt GOETHE: „Ich habe mich dieser Wissenschaft, da mich mein Amt dazu berechtigt, mit einer völligen Leidenschaft ergeben. Habe die meisten Stein- und Gebirgsarten von allen diesen Gegenden beisammen und finde in meiner Art zu sehen das bischen Metallische, das den mühseligen Menschen in die Tiefen hineinlockt, immer das Geringste. Ich habe jetzt die allgemeinsten Ideen und gewiß einen reinen Begriff, wie Alles aufeinander steht und liegt, ohne Prätension, auszuführen, wie es aufeinander gekommen ist. Da ich einmal nichts aus Büchern lernen kann, so fang' ich erst jetzt an, nachdem ich die meilenlangen Blätter unserer Gegenden umgeschlagen habe, auch die Erfahrungen Anderer zu studieren und zu nützen.“

Bald sind GOETHEs geologische und mineralogische Kenntnisse so klar, daß er an MERCK von dem Plan schreibt,

„eine mineralogische Karte von ganz Europa zu veranstalten“. Er hat später von den Gegenden um Karlsbad und Marienbad, in denen er viel Studien trieb, mineralogische Karten angefertigt. Der Ilmenauer Bergbau und die Bergwerke von Goslar und Klausthal belehren ihn über die Schichten der Erdrinde. Ganz besonders fesselt ihn, wie wir aus seiner „Abhandlung über den Granit“ (Handschriftliches Fragment. 18. I. 1784) ersehen, „diese Grundfeste unserer Erde“, die ihn zu einer der höchsten dichterischen Offenbarungen bewegt. Auf allen seinen Reisen, besonders ins böhmische Gebirge, bei seinen verschiedenen Kuraufenthalten in Karlsbad, wie auch beim Anblick der Obelisken und Säulen in Italien, beschäftigt ihn der Granit als das eigentliche Urgestein. Nach GOETHE ist die Schale des Erdkerns der Granit, der als erster bei der Abkühlung herauskristallisierte und erst auf ihm haben sich Gneis und Glimmer niedergeschlagen. Alle übrigen Gesteinsarten, wie Schiefer, Sandstein, Kalk usw., sind als Sedimentierungen aus darüberstehenden Wassermassen aufzufassen.

Auch wird die Bedeutung der Paläontologie von GOETHE erkannt, und in seinem Briefe an MERCK wird 1782 (27. X.) besprochen, wie die Funde von Knochentrümmern im oberen Sande des Erdreichs nach dem Zurücktreten des Meeres zu erklären und zu bewerten sind.

Er schreibt: „Zu jener Zeit waren die Elefanten und Rhinozerosse auf den entblößten Bergen bei uns zu Hause, und ihre Reste konnten gar leicht durch die Waldströme in jene großen Stromthäler oder Seeflächen heruntergespült werden, wo sie mehr oder weniger mit dem Steinsaft durchdrungen sich erhielten und wo wir sie nun mit dem Pfluge oder durch andere Zufälle ausgraben. In diesem Sinne sagte ich vorher, man finde sie in dem oberen Sande, nämlich in dem, der durch die alten Flüsse zusammengespült worden, da schon die Hauptrinde des Erdbodens völlig gebildet war. Es wird nun bald die Zeit kommen, wo man Versteinerungen nicht mehr durcheinander werfen, sondern verhältnismäßig zu den Epochen der Zeit rangieren wird.“

Die Bedeutung fossiler Reste in diesem Sinne ist von GOETHE als erstem ausgesprochen worden. So bleibt die Geologie für ihn zeitlebens der ihn am meisten fesselnde Zweig der Naturwissenschaften. Auf den vielen Reisen in Deutschland, in der Schweiz und Italien, werden Mineralien gesammelt und eine bedeutende, 18000 Nummern fassende mineralogische Sammlung angelegt, zugleich mit den in Thüringen gefundenen Fossilien.

Die Studien über die ursprünglichen Formen der Granitmassen, die Granitklippen im Harz, die Findlinge und erratischen Blöcke in den Alpen und der norddeutschen Tiefebene führten ihn zu der Ansicht, daß in einer früheren Zeit jene Granitmassen auf Eisschollen und Eisbergen von Norden her transportiert und verlagert seien. Andererseits sagt er: „Die besonders an der savoyischen Seite, an dem Genfer See, sich befindlichen Blöcke, die nicht abgerundet, sondern scharfkantig sind, wie sie vom höchsten Gebirg losgerissen worden, erklärt man, daß sie bei dem tumultuarischen Aufstand der weit rückwärts im Land gelegenen Gebirge seien dahin geschleudert worden. Wir sagen: Es habe eine Epoche großer Kälte gegeben, etwa zur Zeit, als die Massen das Kontinent noch bis auf 1000 Fuß Höhe bedeckten, und der Genfer See zur Tauzeit noch mit den nordischen Meeren zusammenhing." (An MERCK 27. X. 1782.) Mit diesen Worten wurde zum ersten Male von einer Eiszeit gesprochen, wie sie bisher von Naturforschern nicht diskutiert war. GOETHE verurteilte mit obigen Worten vom „tumultuarischen Aufstand" die Ansicht der sog. Vulkanisten, die in damaliger Zeit in besonders scharfem Gegensatz zu den Neptunisten standen, d. h. zu denjenigen, die der Erdgestaltung durch Wasser den Hauptanteil zusprachen. GOETHES Einstellung hierzu war äußerst temperamentvoll: „Die Sache mag sein wie sie will, so muß geschrieben stehen, daß ich diese vermaledeite Polterkammer der neuen Weltschöpfung verfluche." (Geologische Probleme und Versuch ihrer Auflösung.)

Diesen wissenschaftlichen Streit der Parteien finden wir im zweiten Teil des Faust dargestellt.

GOETHE hatte von der Erdgestaltung allgemein seine eigene Anschauung und konnte sich nicht den Vulkanisten anschließen, wenn es galt, eine plötzliche Entstehung ganzer

Gebirge durch vulkanische Kräfte anzunehmen. So vertrat er auch die Ansicht, daß Vulkane nur entstehen, wenn Wasser an Stellen ins Erdinnere dringt, an denen noch feuerflüssige Partien bestehen, daher die Nähe der Vulkane am Meer bzw. in Gegenden mit Schnee- und Gletschermassen. Auch an der damaligen Diskussion über die Entstehung des Basalts beteiligte sich GOETHE eifrig.

Bei den Beobachtungen GOETHES über die Phänomene der Natur mußten auch die atmosphärischen Phänomene sein Interesse finden. Dazu kam eine besondere Empfindlichkeit des eigenen Körpers für den Wechsel der Witterung und der Jahreszeiten, so daß er schon in den Tagebüchern auf seinen ersten Reisen Beobachtungen und Notizen meteorologischer Art machte. Aber erst als 1815 der Großherzog ihn auf „die von HOWARD bezeichneten und unter gewisse Rubriken eingetheilte Wolkengestaltungen" (Zur Meteorologie. Vorwort) aufmerksam gemacht hatte, begannen seine Beobachtungen feste Gestalt anzunehmen. Die HOWARDschen Wolkenbezeichnungen Stratus, Cumulus, Cirrus und Nimbus sagten GOETHE außerordentlich zu. Er fügt der Terminologie als letzte die Wolkenwand, Paries, hinzu und macht sodann auf den Reisen in den Jahren 1820—23 sehr genaue Tagebuchaufzeichnungen über alle atmosphärischen Erscheinungen. Er veranlaßt auch, daß im Großherzogtum Weimar meteorologische Stationen eingerichtet werden, denen er die erforderlichen Instruktionen zur Eintragung ihrer Beobachtungen in Tabellen gab. Besonders ließ er auch barometrische Messungen gleichzeitig von London über Karlsruhe bis Wien aufzeichnen und vergleichen. Da die Resultate sehr ähnlich waren, so sind nach GOETHE „die Ursachen der Barometerveränderungen nicht außerhalb, sondern innerhalb des Erdballes; sie sind nicht kosmisch, nicht atmosphärisch, sondern tellurisch. Die Erde verändert ihre Anziehungskraft und zieht also mehr oder weniger den Dunstkreis an; dieser hat weder Schwere, noch übt er irgendeinen Druck aus, sondern stärker angezogen scheint er mehr zu drücken und zu lasten; die Anziehungskraft geht aus von der ganzen Erdmasse, wahrscheinlich vom Mittelpunkt bis zu der uns bekannten Oberfläche, sodann aber vom Meere an bis zu den höchsten

Gipfeln und darüber hinaus abnehmend und sich zugleich durch ein mäßig-beschränktes Pulsiren offenbarend". (Zur Meteorologie. Meteorologische Nachschrift.) Auf Grund dieser — allerdings falschen — Ansichten veranlaßt GOETHE sodann die Anlage von Stationen auf Berggipfeln, wie z. B. der Schneekoppe, und legt dadurch den Grund für das heute bestehende System allgemeiner praktischer meteorologischer Beobachtungen. So beschäftigt er sich also eingehend mit den Phänomenen der Atmosphäre, von der er einmal zum Kanzler MÜLLER sagt (6. III. 1828), sie sei eine Kokette, die eine Zeitlang geregelten Gang affektiere, aber bald sich dem ersten besten Wind preisgebe. Er schließt seinen „Versuch einer Witterungslehre 1825" mit den Worten: „Denn ob ich gleich mir nicht einbilde, daß hiemit Alles gefunden und abgethan sei, so bin ich doch überzeugt: wenn man auf diesem Wege die Forschungen fortsetzt und die sich hervorthuenden nähern Bedingungen und Bestimmungen genau beachtet, so wird man auf etwas kommen, was ich selbst weder denke, noch denken kann, was aber sowol die Auflösung dieses Problems als mehrerer verwandten mit sich führen wird."

GOETHES anatomische Studien werden in Jena bei dem Anatomen LODER wieder aufgenommen und in der Korrespondenz mit seinem Freunde MERCK in Darmstadt lebhaft diskutiert. Gleichzeitig hält GOETHE Vorlesungen über den menschlichen Knochenbau auf der Zeichenakademie zu Weimar. „Diesen Winter habe ich mir vorgenommen mit den Lehrern und Schülern unserer Zeichenakademie den Knochenbau des menschlichen Körpers durchzugehen, sowohl, um ihnen als mir zu nutzen, sie auf das Merkwürdige dieser einzigen Gestalt zu führen und sie dadurch auf die erste Stufe zu stellen, das Bedeutende in der Nachahmung sinnlicher Dinge zu erkennen zu suchen. Zugleich behandle ich die Knochen als einen Text, woran sich alles Leben und alles Menschliche anhängen läßt, habe dabey den Vortheil, zweimal die Woche öffentlich zu reden, und mich über Dinge, die mir werth sind, mit aufmerksamen Menschen zu unterhalten, ein Vergnügen, welchem man in unserm gewöhnlichen Welt-, Geschäfts- und Hofleben gänzlich entsagen muß." (An MERCK

14. XI. 1782.) Nach wenigen Jahren seiner Studien, bereits 1784, schreibt er an HERDER: „Ich habe gefunden — weder Gold noch Silber, aber was mir unsägliche Freude macht, das os intermaxillare am Menschen! Ich verglich mit LODERN Menschen- und Tierschädel, kam auf die Spur, und siehe, da ist es! Nun bitt' ich Dich, laß Dich nichts merken; denn es muß geheim behandelt werden."

Dieser Zwischenkieferknochen, das os intermaxillare, trägt die Schneidezähne und ist in die zwei Hälften des Oberkiefers eingeschoben. Die damaligen Anatomen hatten diesen Zwischenkieferknochen beim Menschen nicht gefunden und sahen hierin einen besonderen Unterschied zwischen anderen Tieren und dem Menschen. Es war GOETHE unwahrscheinlich, „wie der Mensch Schneidezähne haben und doch des Knochens ermangeln sollte, worin sie eingefügt stehen". (Zur Morphologie. Dem Menschen wie den Tieren ist ein Zwischenknochen der oberen Kinnlade zuzuschreiben. II.) Er begann nunmehr alle ihm zugänglichen Tierschädel nach Form und Lage zu vergleichen und schrieb dann 1784 eine Arbeit unter dem Titel: Versuch aus der vergleichenden Knochenlehre, daß der Zwischenknochen der oberen Kinnlade dem Menschen mit den übrigen Tieren gemein ist. Die geschriebene Arbeit wird zuerst an MERCK gesandt, der sie mehreren Anatomen weitergibt, von denen zu GOETHEs Bedauern sich einige so ablehnend äußern, daß er veranlaßt wird, die Abhandlung vorerst nicht drucken zu lassen. Resigniert sagt er später, wie wir in den Gesprächen mit dem Kanzler MÜLLER lesen: „Die Richtigkeit leugneten die besten Beobachter, und ich mußte, wie in so vielen Dingen, im Stillen meinen Weg für mich gehen." (24. V. 1828.) Einige Anatomen jedoch nehmen die Beobachtung GOETHEs in ihr Lehrbuch auf (Sömmering, Knochenlehre 1791), wodurch sie alsbald bekannt und anerkannt wurde. Sie besteht noch heute zu Recht.

Anschließend an diese Arbeit studierte GOETHE die Anatomie der Halswirbel durch die Säugetierreihe hindurch und kam bei Betrachtung der verschiedenen Schädel zu der Überzeugung, daß der Schädel entsprechend der Wirbelsäule aus metamorphisierten Wirbeln zusammengesetzt sei. „Die drei hintersten (Wirbel) erkannt' ich bald, aber erst im Jahre

1790, als ich aus dem Sande des dünenhaften Judenkirchhofs von Venedig einen zerschlagenen Schöpsenkopf aufhub, gewahrt' ich augenblicklich, daß die Gesichtsknochen gleichfalls aus Wirbeln abzuleiten seien." (Bibliographische Einzelheiten. 1822. Bedeutende Fördernіß durch ein geistreiches Wort.) Anschließende Studien über die Gestalt der Tiere wurden in einer Abhandlung niedergeschrieben als: Versuch einer allgemeinen Knochenlehre, und mit weiteren Aufsätzen zusammengefaßt niedergelegt im Januar 1795 als: Erster Entwurf einer allgemeinen Einleitung in die vergleichende Anatomie, ausgehend von der Osteologie. Erst 1820 veroffentlichte GOETHE diese Abhandlung in den Heften zur Morphologie.

Diese Wirbeltheorie bereitete GOETHE mancherlei Schwierigkeiten, weil einerseits die Fachmänner ihm entgegentraten, andererseits Prioritätsstreitigkeiten entstanden. Gewisse Bedenken über die Theorie selbst fanden sich auch bei ihm, und vielleicht in solchem Sinne sagt er: „Wir gestehen lieber unsere moralischen Irrthümer, Fehler und Gebrechen als unsere wissenschaftlichen." (Aus dem Nachlaß. Über Natur und Naturwissenschaft.) Später äußert er: „Und da bekenne ich denn gerne, daß ich seit 30 Jahren von dieser geheimen Verwandtschaft überzeugt bin, auch Betrachtungen darüber fortgesetzt habe, jedoch ein dergleichen Aperçu, ein solches Gewahrwerden, Auffassen, Vorstellen, Begriff, Idee, wie man es nennen mag, behält immerfort, man geberde sich, wie man will, eine esoterische Eigenschaft; im Ganzen läßt sich's aussprechen, aber nicht beweisen, im Einzelnen läßt sich's wol vorzeigen, doch bringt man es nicht rund und fertig." (Zur Osteologie und Zoologie, VIII.)

Jedenfalls hat GOETHES Wirbeltheorie noch nach seinem Tode anregend gewirkt.

Wie beim Studium der Grundform der Pflanze, so legt GOETHE auch bei seinen vergleichend anatomischen Studien ein Schema zugrunde, von GOETHE „Typus" genannt. Er sagt darüber: „Man verglich die Thiere mit dem Menschen und die Thiere untereinander, und so war bei vieler Arbeit immer nur etwas Einzelnes erzweckt und durch diese vermehrten Einzelheiten jede Art von Überblick immer unmöglicher.

Deshalb geschieht hier ein Vorschlag zu einem anatomischen Typus, zu einem allgemeinen Bilde, worin die Gestalten sämtlicher Thiere der Möglichkeit nach enthalten wären, und wornach man jedes Thier in einer gewissen Ordnung beschriebe. Dieser Typus müßte soviel wie möglich in physiologischer Rücksicht aufgestellt sein. Schon aus der allgemeinen Idee eines Typus folgt, daß kein einzelnes Thier als ein solcher Vergleichskanon aufgestellt werden könne; kein Einzelnes kann Muster des Ganzen sein. Sollte es denn aber unmöglich sein, da wir einmal anerkennen, daß die schaffende Gewalt nach einem allgemeinen Schema die vollkommneren organischen Naturen erzeugt und entwickelt, dieses Urbild, wo nicht den Sinnen, doch dem Geiste darzustellen, nach ihm als nach einer Norm unsere Beschreibungen auszuarbeiten und, indem solche von der Gestalt der verschiedenen Thiere abgezogen wäre, die verschiedenen Gestalten wieder auf sie zurückzuführen? Hat man aber die Idee von diesem Typus erfaßt, so wird man erst recht einsehen, eine einzelne Gattung als Kanon aufzustellen. Wie nun aber ein solcher Typus aufzufinden, zeigt uns der Begriff denselben schon selbst an: Die Erfahrung muß uns vorerst die Theile lehren, die allen Thieren gemeinsam sind, und worin diese Theile verschieden sind. Die Idee muß über dem Ganzen walten und auf eine genetische Weise das allgemeine Bild abziehen. Ist ein solcher Typus auch nur zum Versuch aufgestellt, so können wir die bisher gebräuchlichen Vergleichungsarten zur Prüfung desselben sehr wohl benutzen. Die Theile des Thieres, ihre Gestalt untereinander, ihr Verhältnis, ihre besonderen Eigenschaften bestimmen die Lebensbedürfnisse des Geschöpfs. Daher die entschiedene, aber eingeschränkte Lebensweise der Thiergattungen und -Arten. Wenn wir die Theile genau kennen und betrachten, so werden wir finden, daß die Mannigfaltigkeit der Gestalt daher entspringt, daß diesem oder jenem Theil ein Übergewicht über die andern zugestanden ist. Bei dieser Betrachtung tritt uns nun gleich das Gesetz entgegen, daß keinem Theil etwas zugelegt werden könne, ohne daß einem andern dagegen etwas abgezogen werde, und umgekehrt. Hier sind die Schranken der thierischen Natur, in welchen sich die bildende Kraft auf die wunderbarste und beinahe auf die willkürlichste Weise zu bewegen scheint, ohne daß sie im Mindesten fähig wäre, den Kreis zu durchbrechen oder ihn zu überspringen. Der Bildungstrieb ist hier in einem zwar beschränkten, aber doch wohl eingerichteten Reiche zum Beherrscher gesetzt. Die Rubriken seines Etats, in welche sein Aufwand zu vertheilen ist, sind ihm vorgeschrieben; was er auf jedes wenden will, steht ihm bis auf einen gewissen Grad frei. Will er der einen mehr zuwenden, so ist er nicht ganz gehindert, allein er ist genöthigt, an einer anderen sogleich etwas fehlen zu lassen; und so kann die Natur sich niemals verschulden oder gar wohl bankrutt werden. Wir denken uns also das abgeschlossene Thier als eine kleine Welt, die um ihrer selbst willen und durch sich selbst da ist. So ist auch jedes Geschöpf Zweck seiner selbst, und weil alle seine Theile in der unmittelbarsten Wechselwirkung stehen, ein Verhältnis gegeneinander haben, und dadurch den Kreis des Lebens immer erneuern, so ist auch jedes Thier als physiologisch vollkommen anzusehen. Kein Theil desselben ist, von innen betrachtet, unnütz oder, wie man sich manchmal vorstellt, durch den Bildungstrieb gleichsam willkürlich hervorgebracht, obgleich Theile nach außen zu unnütz erscheinen können, weil der innere Zusammenhang der thierischen Natur sie so gestaltete, ohne sich um die äußern Verhältnisse zu kümmern." (Zur Osteologie und Zoologie.)

Immer mehr klärt sich bei GOETHE der Begriff des Typus und immer mehr tritt der Gedanke der Entwicklung greifbarer bei ihm in den Vordergrund. „Eine immer und ursprüngliche Gemeinschaft aller Organisation liegt im Grunde; die Verschiedenheit der Gestalten dagegen entspringt aus den notwendigen Beziehungsverhältnissen zur Außenwelt, und man darf daher eine ursprüngliche, gleichzeitige Verschiedenheit und eine unaufhaltsam fortschreitende Umbildung mit Recht annehmen, um die ebenso konstant als abweichenden Erscheinungen begreifen zu können."

„Um uns den Begriff organischer Wesen zu erleichtern, werfen wir einen Blick auf die Mineralkörper. Das Hauptkennzeichen der Mineralkörper, auf das wir hier gegenwärtig Rücksicht zu nehmen haben, ist die Gleichgültigkeit ihrer Theile in Ansicht auf ihr Zusammensein, ihre Ko- oder Subordination. Sie haben nach ihrer Grundbestimmung gewisse stärkere oder schwächere Verhältnisse, die, wenn sie sich zeigen, wie eine Art von Neigung aussehen, deswegen die Chemiker auch ihnen die Ehre einer Wahl bei solchen Verwandtschaften zuschreiben, und doch sind es oft nur äußere Determinationen die sie da- oder dorthin stoßen oder reißen, wodurch die Mineralkörper hervorgebracht werden, ob wir ihnen gleich den zarten Antheil, der ihnen an dem allgemeinen Lebenshauche der Natur gebührt, keineswegs absprechen wollen. Wie sehr unterscheiden sich dagegen organische Wesen, auch nur unvollkommene! Sie verarbeiten zu verschiedenen bestimmten Organen die in sich aufgenommene Nahrung, und zwar, das übrige absondernd, nur einen Teil derselben. Diesem gewähren sie etwas Vorzügliches und Eigenes, indem sie manchen mit manchem auf das innigste vereinen und so den Gliedern, zu denen sie sich hervorbilden, eine das mannigfaltigste Leben bezeugende Form verleihen, die wenn sie zerstört ist, aus den Überresten nicht wieder hergestellt werden kann." Indem GOETHE jetzt diese unvollkommenen Organisationen mit den vollkommeneren vergleicht, weist er wieder auf die Metamorphose der Pflanzen hin, wie ein und dasselbe Organ unter höchst verschiedenen Gestalten von der Pflanze dargestellt werden kann. „Die Pflanze erscheint fast nur einen Augenblick als Individuum, und zwar da, wo sie sich als Samenkorn von der Mutterpflanze loslöst. In dem Verfolg des Keimens erscheint sie schon als ein Vielfaches, an welchem nicht allein ein identischer Teil aus identischen Teilen entspringt, sondern auch diese Teile durch Sukzession verschieden ausgebildet werden, so daß ein mannigfaltiges, scheinbar verbundenes Ganze zuletzt vor unseren Augen dasteht. Allein daß dieses scheinbare Ganze aus sehr unabhängigen Teilen bestehe, gibt teils der Augenschein, teils die Erfahrung: Denn die Pflanzen, in viele Teile getrennt und zerrissen, werden wieder als ebenso viele scheinbare Ganze aus der Erde hervorsprossen. An dem Insekt hingegen zeigt sich uns ein anderer Fall. Das von der Mutter losgetrennte abgeschlossene Ei manifestiert sich schon als Individuum; der herauskriechende Wurm ist gleichfalls eine isolierte Einheit; seine Teile sind nicht allein verknüpft, nach einer gewissen Reihe bestimmt und geordnet, sondern sie sind auch einander subordiniert; sie werden wo nicht von einem Willen geleitet, doch von einer Begierde angeregt. Indessen ist die Raupe ein unvollkommenes Geschöpf, ungeschickt zur notwendigsten aller Funktionen, zur Fortpflanzung, wohin sie auf dem Wege der Verwandlung nur gelangen kann. So ein unvollkommenes und vergängliches Geschöpf ein Schmetterling in seiner Art, verglichen mit den Säugetieren, auch sein mag, so zeigt er uns doch durch seine Verwandlung, die er vor unseren Augen vornimmt, den Vorzug eines vollkommneren Tiers vor einem unvollkommneren; die Entschiedenheit ist es seiner Teile, die Sicherheit, daß keiner für den anderen gesetzt noch genommen werden kann, jeder vielmehr zu seiner Funktion bestimmt und bei derselben auf immer festgehalten bleibt" (Zur Osteologie und Zoologie), wobei GOETHE unter Funktion versteht, „das Dasein in Tätigkeit gedacht". (Zur Naturwissenschaft im Allgemeinen. S. 165.)

„Wir wiederholen also, daß die Beschränktheit, Bestimmtheit und Allgemeinheit der durch die Fortpflanzung schon entschiedenen simultanen Metamorphose den Typus möglich macht, daß aber aus der Versalität des Typus, in welchem die Natur, ohne jedoch aus dem Hauptcharakter der Teile herauszugehen, sich mit großer Freiheit bewegen kann, die vielen Geschlechter und Arten der vollkommeneren Tiere, die wir kennen, durchgängig abzuleiten sind."

Genau wie bei den Pflanzen, nimmt GOETHE auch für die Formveränderungen der Tierreihe innere und äußere Gründe an. Denn dem Typus wohnt von Natur ein Bestreben inne, möglichst zahlreiche Variationen hervorzubringen. GOETHE sagt dazu: „Fragt man nach den Anlässen, wodurch eine so mannigfaltige Bestimmbarkeit zum Vorschein komme, so antworten wir zuerst: das Tier wird durch Umstände zu Umständen gebildet; daher seine Vollkommenheit und seine Zweckmäßigkeit nach außen." (Zur Osteologie und Zoologie, IV.) Also Einwirkungen von Wasser, Luft, Wärme, Klima usw., also das Milieu und die Lebensweise sind maßgebend für die Gestalt eines Tieres, für die Bildung der Formen. GOETHE nennt dies: das Gesetz der inneren Natur, wodurch sie konstituiert werden, und das Gesetz der äußeren Umstände, wodurch sie modifiziert werden. Und alles zusammenfassend sagt er: „Dies also hätten wir gewonnen, ungescheut behaupten zu dürfen: daß alle vollkommeneren organischen Naturen, worunter wir Fische, Vögel, Säugetiere und an deren Spitze den Menschen sehen, alle nach einem Urbilde geformt seien, das nur in seinen sehr beständigen Teilen mehr oder weniger hin und herweicht und sich noch täglich durch Fortpflanzung aus- und umbildet.“ (Vorträge über die drei ersten Kapitel des Entwurfes einer allgemeinen Einleitung in die vergleichende Anatomie, ausgehend von der Osteologie, II.) Und jetzt verstehen wir sein wundervolles Gedicht, das uns alle diese seine Gedanken zusammenfaßt:

Wagt Ihr, also bereitet die letzte Stufe zu steigen
Dieses Gipfels, so reicht mir die Hand und öffnet den freien
Blick ins weite Feld der Natur! usw.

Goethe sagt: „Das ganze Pflanzenreich wird uns wieder als ein ungeheures Meer erscheinen, welches ebensogut zur bedingten Existenz der Insekten nötig ist als das Weltmeer und die Flüsse zur bedingten Existenz der Fische, und wir werden sehen, daß eine ungeheure Zahl lebender Geschöpfe in diesem Pflanzen-Ozean geboren und ernährt werde, ja wir werden zuletzt die ganze thierische Welt wieder als ein großes Element ansehen, wo ein Geschlecht auf dem andern und durch das andere, wo nicht entsteht, doch sich erhält.“ So einheitlich also betrachtet Goethe die gesamte Natur, von der er sagt, daß sie nach ewigen, notwendigen „dergestalt göttlichen Gesetzen“ wirkt, „daß die Gottheit selbst daran nichts ändern könnte.“ (Dichtung und Wahrheit, IV, 16. Buch.) Und an anderer Stelle sagt er: „Sie schafft ewig neue Gestalten; was da ist, war noch nie, was war, kommt nicht wieder: Alles ist neu und doch immer das Alte. Werden und Bewegen in ihr, und doch rückt sie nicht weiter. Sie verwandelt sich ewig und ist kein Moment Stillestehen in ihr. Fürs Bleiben hat sie keinen Begriff und ihren Fluch hat sie ans Stillestehen gehängt. (Die Natur. Im Journal von Tiefurt 1782 erschienen.) Sein reiner Pantheismus offenbart sich in den Worten: „Wir können bei Betrachtung des Weltgebäudes in seiner weitesten Ausdehnung, in seiner letzten Teilbarkeit uns der Vorstellung nicht erwehren, daß dem Ganzen eine Idee zum Grunde liege, wonach Gott in der Natur, die Natur in Gott, von Ewigkeit zu Ewigkeit schaffen und wirken möge.“ (Zur Naturwissenschaft im Allgemeinen. Bedenken und Ergeben.) Goethe sieht also im Naturgeschehen die Ideeen zur gesetzlichen Entwicklung allen Wesens liegen.

„Was wär' ein Gott, der nur von außen stieße,
Im Kreis das All am Finger laufen ließe.
Ihm ziemt's, die Welt im Innern zu bewegen,
Natur in Sich, sich in Natur zu hegen,
So daß, was in ihm lebt und webt und ist,
Nie seine Kraft, nie seinen Geist vermißt.“

(Gedichte: Gott und Welt.)

Die Arbeiten GOETHES haben die Naturwissenschaft in vieler Richtung fruchtbringend beeinflußt, können wir doch auch in seinen morphologischen Grundsätzen Gedanken der Entwicklungstheorie erkennen. Es ist daher nicht verwunderlich, daß man GOETHE geradezu als Begründer der Deszendenztheorie bezeichnet hat. Andererseits wird behauptet, der Begriff Typus bei GOETHE bedeute nicht die Stammform im Sinne DARWINS, sondern nur eine Idee, ein Urbild ohne Realität. Wir lesen aber in einem Briefe (Frau v. STEIN an KNEBEL), daß GOETHE „gar denkreich in diesen Dingen gegrübelt“, nämlich über Artumwandlung und die Abstammung des Menschen von tierischen Vorfahren, dieser Gedanke wird von ihm bedacht und erwogen, und wenn er sagt (Zur Osteologie und Zoologie, III): „Wir müssen mit und neben dem Veränderlichen unsere Ansichten verändern und mannigfaltige Bewegung lernen, damit wir den Typus in aller seiner Versalität zu verfolgen gewandt seien, und uns dieser Proteus nirgend hin entschlüpfe —“, und wenn er weiterhin sagt (Zur Osteologie und Zoologie, IV.): „So bildete sich der Adler durch die Luft zur Luft, der Maulwurf durch die Erde zur Erde, die Phoka durch Wasser zum Wasser —“, so dürften wohl hierin darwinistische Anklänge zu erkennen sein, Gedankengänge an eine wirkliche Umwandlung der Arten durch Anpassung der Lebewesen an neue Lebensbedingungen. Freilich, es fehlen Hinweise auf Zuchtwahl und Selektion im Sinne DARWINS.

Ohne auf die abweichenden Ansichten über solche Beziehungen einzugehen, seien einige Worte von CHARLES DARWIN selbst, die sich bei ihm in einer Fußnote finden, zitiert, der sagt: Es ist ein merkwürdiges Beispiel der Art und Weise, wie ähnliche Ansichten ziemlich zu gleicher Zeit auftauchten, daß GOETHE in Deutschland, Dr. DARWIN (sein Großvater) in England und GEOFFROY SAINT-HILAIRE in Frankreich fast zu gleicher Zeit in den Jahren 1794—95 zu gleichen Ansichten über den Ursprung der Art gelangt sind.“ (CHARLES DARWIN, Über die Entstehung der Arten durch natürliche Zuchtwahl. Nach der 6. englischen Auflage, durchgesehen und berichtigt von J. V. CARUS, Stuttgart 1872.)

Es lag also ganz im Geiste GOETHES, daß es in der organischen Natur keinen Stillstand gibt, nirgends etwas Ruhendes, sondern alles in ständiger Entwicklung befindlich ist

Und umzuschaffen das Geschaffne,
Damit sich's nicht zum Starren waffne,
Wirkt ewiges, lebend'ges Tun.
Und was nicht war, nun will es werden
Zu reinen Sonnen, farb'gen Erden;
In keinem Falle darf es ruhn.
Es soll sich regen, schaffend handeln,
Erst sich gestalten, dann verwandeln;
Nur scheinbar steht's Momente still.
Das Ew'ge regt sich fort in Allen;
Denn alles muß in Nichts zerfallen,
Wenn es im Sein beharren will.

(Gedicht: Eins und Alles.)

Wir haben gesehen, wie GOETHE gegenständliches Denken gegeben war, sowie die Fähigkeit, vergleichende Beobachtungen über die Phänomene der Natur durchzuführen, und wie er mit Hilfe dieser ihm zu Gebote stehenden Gaben in der Biologie neue fundamentale Gesetze fassen und aussprechen konnte. Auch bei seinen physikalischen Forschungen sucht er die sinnliche Anschauung in den Vordergrund zu stellen und die, wie er sagt, mathematisch-philosophischen Theorien aus der Physik zu verbannen, weil sie der Erkenntnis nicht förderlich, sondern hinderlich seien. Um nun bei seinen Arbeiten zur Farbenlehre diese Einstellung durchzuführen, versucht er, anerkannte Grundsätze zu verwerfen, um mit neuen Ideen Neues aufzubauen. Neigung zur Malerei und der Wunsch, die Gesetze des malerischen Kolorits und der Farbenharmonie zu suchen, waren die Veranlassung zum Studium der Farbenlehre gewesen. Hier an seinem Lieblingswerke mußte er erfahren, daß ohne Mitwirkung der Mathematik die Natur zu betrachten und zu erforschen nicht gelingen sollte. Trotzdem sind seine Arbeiten über die physiologische Optik von grundlegender Bedeutung geblieben und müssen einer Besprechung an anderer Stelle vorbehalten bleiben.

Aus dem Bekenntnis eines Naturforschers hörten wir Meinungen und Gesinnungen, wir sahen, wie GOETHE Wissenschaft und Forschung durch seinen erhabenen Geist bewegte. Es war deshalb schmerzlich für ihn, daß die Mitwelt nicht wußte, welch großer Teil seines Lebens „mit Neigung und Leidenschaft auf Naturstudien" verwendet war. Im Jahr vor seinem Tode schreibt er darüber: „Seit länger als einem halben Jahrhundert kennt man mich im Vaterlande und auch wohl auswärts als Dichter und läßt mich allenfalls für einen solchen gelten; daß ich aber mit großer Aufmerksamkeit mich um die Natur in ihren allgemeinen physischen und ihren organischen Phänomenen eifrig bemüht und ernstlich angestellte Betrachtungen tätig und leidenschaftlich im Stillen verfolgt, dieses ist nicht so allgemein bekannt, noch weniger mit Aufmerksamkeit bedacht worden." (Zur Morphologie. Geschichte meines botanischen Studiums.) Jahrzehnte unphilosophischer, reiner Spezialforschung folgten ihm — eine Tatsache, die uns erst recht seine wahrhaft schöpferische Kraft erkennen läßt.

Naturwissenschaftliche Gleichnisse in Goethes Dichtungen, Briefen und literarischen Schriften.

Von JULIUS SCHIFF, Breslau.

Gleichnisse dürft ihr mir nicht verwehren,
Ich wüßte mich sonst nicht zu erklären.
(Zahme Xenien.)

I. Allgemeines.

Im Jahre 1923 wies ARNOLD BERLINER in der Besprechung eines Vortrages von W. WIEN über „GOETHE und die Physik" darauf hin, daß im Unterbewußtsein GOETHES „die Physik dauernd vorhanden war, so andauernd, daß er, der ‚ewige Gleichnismacher', sie auf Schritt und Tritt zu Gleichnissen benutzte". Seine Briefe im besonderen seien eine wahre Schatzkammer „von derartigen Wendungen und Gleichnissen". Zugleich gab er mehrere treffende Beispiele und regte an, weitere aufzusuchen und zusammenzustellen; eine solche Sammlung physikalischer Gleichnisse würde „für die GOETHE-Forschung von großem Wert sein und manche unzutreffende Deutung verhindern oder beseitigen"[1]. Der hier gegebenen Anregung, die mir als sehr bedeutsam erschien, bin ich seitdem gefolgt.

[1] Es erscheint mir notwendig, die dortigen Ausführungen [Naturwiss. **11**, 928 (1923)] wiederzugeben: „. . . Nur ein physikalisch Interessierter schreibt z. B.: ‚Wie ein Stein geschwinder fällt, je länger er fällt, so scheint es auch mit dem Leben zu gehen', oder: ‚Solche Kinder, in fremde Verhältnisse versetzt, kommen mir vor wie Vögel, die man in einem Zimmer fliegen läßt; sie fahren gegen alle Scheiben, und es ist schon Glück genug, wenn sie sich nicht die Köpfe einstoßen, ehe sie begreifen lernen, daß nicht alles Durchsichtige durchdringlich ist'. Die Briefe bilden eine wahre Schatzkammer von derartigen Gleichnissen und Wendungen. Eine solche Sammlung, von einem Physiker angelegt, wäre für die Goetheforschung von großem Wert und würde mancherlei Belehrung zutage fördern und mancherlei unzutreffende Deutung verhindern oder beseitigen. Z. B. die Stelle: ‚am farbigen Abglanz haben wir das Leben' liest wohl jeder Physiker als ein physikalisches Gleichnis. Der farbige Abglanz geht auf den Regenbogen, und das tertium comparationis zwischen dem Regenbogen und dem Leben ist die Dauer im Wechsel (die Stelle spricht von ‚des bunten Bogens Wechseldauer'). . . . es darf fast als symptomatisch gelten, daß einer unsrer scharfsinnigsten Goetheforscher . . . die Stelle auf die platonische Ideenlehre bezogen wissen will."

Allerdings habe ich nicht nur physikalische, sondern überhaupt naturwissenschaftliche Gleichnisse — einschließlich gleichnisähnlicher naturwissenschaftlicher Hinweise — gesammelt, und zwar so, wie sie mir beim Lesen der GOETHEschen Dichtungen, Briefe usw. aufstießen. Trotz dieses wenig systematischen Vorgehens war meine Ernte nicht gering. Ihren Hauptteil nebst den notwendigen Erläuterungen habe ich im folgenden zusammengestellt. Möge die kleine Sammlung — trotz des gewaltigen Umfanges der GOETHE-Literatur die erste ihrer Art — den Verehrern des großen Mannes willkommen sein, und möge sie auch als ein bescheidener Beitrag zu den Huldigungen, zu denen die Hundertjahrfeier seines Todes nicht zum mindesten die Vertreter der Naturwissenschaften aufruft, gewertet werden.[1]

GOETHE entnahm, worauf schon sein langjähriger Mitarbeiter RIEMER hingewiesen hat, den Stoff zu seinen Gleichnissen gewöhnlich dem, was ihn gerade beschäftigte. Er schöpfte daher aus dem bürgerlichen Leben und den Gewerben, aus Wissenschaft und Kunst, vor allem aber aus der Natur, aus der lebendigen wie aus der toten. Es erklärt sich dies daraus, daß er allezeit und bis in seine letzten Tage die Sinnenwelt mit ihren vielfältigen Erscheinungen und ihren tausend Wundern über alles liebte, und daß er niemals glücklicher war, als wenn er Pflanzen und Steine, Winde und Wolken sowie den Himmel und die Gestirne in einsamer Bewunderung schauen durfte. Menschen von der spekulativen Art eines FRITZ JACOBI erschienen ihm bedauernswert. Gott hat dich, so schrieb er einmal dem Freunde, „mit der Metaphysik gestraft . . . mich dagegen mit der Physik gesegnet, damit mir im Anschauen seiner Werke wohl werde", und noch im hohen Greisenalter preist er durch den Mund des Türmers LYNCEUS seine Augen glücklich:

. . . .
Was je ihr gesehn,
Es sei, wie es wolle,
Es war doch so schön.

Wes aber das Herz voll ist, des geht der Mund über.

---

[1] In der sehr lesenswerten Studie über „Gleichnisse" in VIKTOR HEHNS „Gedanken über Goethe" ist von naturwissenschaftlichen Gleichnissen nicht die Rede.

GOETHES Gleichnisse gehen also zumeist von der Welt der Erscheinungen aus. Aber ihm war gegeben, nicht bei dem Sinnlichen und Zugänglichen stehenzubleiben, sondern hinter ihm das Unzugängliche, das Ewige zu ahnen. So verknüpfte sich ihm das Naturleben mit der geistigen Welt[1]. Dazu kam die synthetische Richtung seines Denkens, die sich ja auch in seinen wissenschaftlichen Arbeiten, besonders in der Pflanzenmetamorphose, offenbart. Immer empfand er daher das Bedürfnis, die Einzelbeobachtung in den Zusammenhang des Weltganzen einzuordnen. Das Weltganze war aber dem Schüler SPINOZAS kein toter Mechanismus, sondern beseelt, ja göttlich. *Wer aber das Seelische und Geistige im Zusammenhang mit dem Konkreten schaut, wer sich dem Göttlichen nicht auf dem Wege der Spekulation nähert, sondern es „in herbis et lapidibus" zu erblicken meint, der wird auch in der Rede und vor allem in der Poesie das Unsinnliche und Übersinnliche nicht wohl anders darstellen können, als im Zusammenhang mit der physischen Welt und durch den Vergleich anschaulich geworden.* Dies ist das Wesen des GOETHischen *Naturgleichnisses.* Es wird zum *naturwissenschaftlichen Gleichnisse,* wenn die sinnlichen Gegenstände und die Erscheinungen im Lichte der wissenschaftlichen Forschung geschaut und geschildert werden.

GOETHE hat nicht nur eine Fülle der schönsten Gleichnisse geschaffen, er hat sich über ihre Bedeutung auch vielfach theoretisch geäußert. Zur Ergänzung des vorstehend Ausgeführten seien von diesen Äußerungen zwei — die er übrigens im Rahmen seiner naturwissenschaftlichen Schriften getan hat — zum Schlusse dieses allgemeinen Teils angeführt. Die erste bildet die Vorrede für seinen „Versuch einer Witterungslehre, 1825" und lautet: „Das Wahre, mit dem Göttlichen identisch, läßt sich niemals von uns direkt erkennen, wir schauen es nur im Abglanz, im Beispiel, Symbol . . . Wir werden es gewahr als *unbegreifliches* Leben und können dem Wunsche nicht entsagen, es dennoch zu *begreifen.*" Die zweite dieser Äußerungen steht in dem historischen Teil der Farben-

[1] Vgl. auch KARL LOHMEIER, Jahrbuch der Goethe-Gesellschaft 13, 106ff. (1927), über die symbolische Deutung der atmosphärischen Erscheinungen im Faust II.

lehre. „Die Poesie", so heißt es in dem Abschnitt über die Intentionellen Farben, „hat in Absicht auf Gleichnisreden ... sehr große Vorteile vor allen übrigen Sprachweisen, denn sie kann sich eines jeden Bildes, eines jeden Verhältnisses nach ihrer Art und Bequemlichkeit bedienen. Sie vergleicht Geistiges mit Körperlichem und umgekehrt, den Gedanken mit dem Blitz, den Blitz mit dem Gedanken, und dadurch wird das *Wechselleben* der Weltgegenstände am besten ausgedrückt." — Man sieht, wir handeln im Sinne GOETHES, wenn wir seine Gleichnisse, und vor allem die naturwissenschaftlichen, nicht als einen äußerlichen Schmuck seiner Rede auffassen. Sie sind ihm vielmehr ein bedeutendes Mittel, sein Inneres zum Ausdruck zu bringen, sie sind geradezu Ausströmungen seiner Weltanschauung.

II. Vier besonders bedeutende Beispiele.

a) *Die Wahlverwandtschaften.* Wenn von naturwissenschaftlichen Gleichnissen GOETHES die Rede ist, wird wohl jeder GOETHE-Kenner zuerst an die Wahlverwandtschaften denken. Tatsächlich deutet schon der Name des Romans — die Verdeutschung für die „affinitas electiva", die Ursache der chemischen Umsetzungen nach TORBERN BERGMAN — darauf hin, daß es sich hier um eine Parallelisierung von Vorgängen innerhalb der menschlichen Gesellschaft mit chemischen Erscheinungen handelt. Hierüber hat sich der Meister selbst, als er im COTTAschen „Morgenblatt für gebildete Stände" im Jahre 1809 das Werk ankündigte, folgendermaßen ausgesprochen: „Es scheint, daß den Verfasser seine fortgesetzten physikalischen Arbeiten zu diesem seltsamen Titel veranlaßten. Er mochte bemerkt haben, daß man in der Naturlehre sich sehr oft ethischer Gleichnisse bedient, um etwas von dem Kreise menschlichen Wesens weit Entferntes näher heranzubringen; und so hat er wohl auch in einem sittlichen Falle eine chemische Gleichnisrede zu ihrem geistigen Ursprunge zurückführen mögen, um so mehr, als doch überall nur *eine* Natur ist und auch durch das Reich der heiteren Vernunftfreiheit die Spuren trüber, leidenschaftlicher Notwendigkeit sich unaufhaltsam hindurchziehen, die nur durch eine höhere Hand und vielleicht auch nicht in diesem Leben völlig auszulöschen sind." Nach GOETHES eigenen Worten handelt es sich also in dem Roman um eine „chemische Gleichnisrede". Zurückgeführt auf ihren „geistigen Ursprung" hat sie der Dichter in ausführlichen Gesprächen der handelnden Personen im 4. Kapitel des 1. Buches. Indem er sich auch in den Beispielen an TORBERN BERGMAN hält, beginnt er mit den Alkalien und Säuren, die sich „suchen und fassen, sich modifizieren und zusammen einen neuen Körper bilden". Weiter ausgeführt wird dies am Kalkstein und der verdünnten Schwefelsäure, wobei die ahnungsvolle CHARLOTTE sofort auf analoge menschliche Verhältnisse hindeutet und vor allem „die arme Luftsäure" bedauert, die, aus dem Kalkstein ausgetrieben, sich „wieder im Unendlichen herumtreiben muß". Nun folgen als die bedeutendsten und merkwürdigsten Fälle diejenigen, wo man „das Anziehen, das Verwandtsein, dieses Verlassen, dieses Vereinigen gleichsam übers Kreuz" wahrnimmt, was an dem Schema $AB + CD = AD + BC$ ausgeführt wird. Weiterhin heißt es: „In diesem Fahrenlassen und Ergreifen, in diesem Fliehen und Suchen glaubt man wirklich eine höhere Bestimmung zu sehen; man traut solchen Wesen eine Art von Wollen und Wählen zu und hält das Kunstwort Wahlverwandtschaften für vollkommen berechtigt." Zwischendurch — was schon angedeutet wurde — und vor allem am Schlusse des Kapitels erhalten wir Hinweise auf die Analogien zwischen den Reaktionen der toten Stoffe, die bedeutungsvoll auch als „Naturwesen" aufgefaßt werden, und den Beziehungen von Mann und Weib im Liebes- und Eheleben. So werden wir vorbereitet auf den eigentlichen Inhalt des Romans — das Spiel und Gegenspiel zwischen dem Ehepaar einerseits und dem Paar Hauptmann-Ottilie andererseits — und werden reif, selbst den seelischen Ehebruch und seine mystische Folgeerscheinung — die Ähnlichkeit des Kindes nicht mit den Eltern, sondern mit dem Hauptmann und Ottilie — ahnend zu begreifen. Wahrlich, nur ein GOETHE, der das „Erforschliche" bis zu seinen Grenzen erforscht hatte und das „Unerforschliche" ruhig verehrte, war imstande, das Wirken menschlicher Seelenkräfte und Leidenschaften unter dem Gleichnisse chemischer Prozesse bis hinein in das Gebiet des Übersinnlichen zu verfolgen und darzustellen.

b) *Der Faustmonolog in der Eingangsszene zu Faust II.* Auch hier liegt eine „Gleichnisrede“ vor. Allerdings geht sie im Gegensatz zu den Wahlverwandtschaften nicht von Ergebnissen der experimentellen Wissenschaft, sondern von der unmittelbaren Naturbeobachtung aus. Faust ist von gütigen Geistern entsühnt worden und erwacht auf blumiger Wiese inmitten des Hochgebirges. Er ist von aller Erinnerung befreit und wie neugeboren. Da ist es die noch in nächtlicher Dämmerung liegende Erde unter seinen Füßen, die seinen Blick auf sich zieht. Sie, die ruhig feste und allezeit beständige, wird ihm sofort zum Symbol; sie regt ihn an, von neuem zu wirken und „zum höchsten Dasein immerfort zu streben“. Von ihr wendet er das Auge der Landschaft zu. Er sieht den Nebelstreif im Tale und empfindet die Schönheit des Morgens, der die Natur zu neuem Leben weckt. Immer höher richtet er den Blick: „Hinaufgeschaut! — Der Berge Gipfelriesen verkünden schon die feierlichste Stunde.“ Aber als er sehnsuchtsvoll und begeistert der aufgehenden Sonne entgegensieht, kann er ihren Strahlenblick nicht ertragen. Geblendet und „vom Augenschmerz durchdrungen“ muß er sich abwenden. Auch diese sinnliche Erfahrung wird ihm zum seelischen Gleichnisse. Wie das irdische Auge zum Anblick der Sonne strebt, so lebt in der Tiefe unseres Gemüts ein „sehnend Hoffen“, das dem Wahren und Göttlichen zugewandt ist. Aber ebenso wie das Auge die Quelle des höchsten Lichts nicht ertragen kann, so ist unserem Geiste der Blick in die „ewigen Gründe“ mit ihrem „Flammenübermaß“ versagt. Dies begreifend, wendet sich Faust vom Unmöglichen ab und beschließt, sich auf das dem Menschen Zugängliche zu beschränken. „So bleibe denn die Sonne mir im Rücken!“ Mit diesem Rufe hat er sich wieder vom Himmel zur Erde gewandt. Hier bietet sich ihm der Wassersturz dar, der über Felsenriffe braust. Zugleich schaut er die schönste aller Naturerscheinungen:

„Wie herrlich, diesem Sturm entsprießend,
Wölbt sich des bunten Bogens Wechseldauer,
Bald rein gezeichnet, bald in Luft zerfließend,
Umher verbreitend duftig kühle Schauer.“

Auch dieses Phänomen, wie vorher Erde und Sonne, wird ihm zum Sinnbild. Er sieht im „bunten Bogen“ das „menschliche Bestreben" abgespiegelt. „Ihm sinne nach, und du begreifst genauer, — Am farbigen Abglanz haben wir das Leben." Also wie der Regenbogen zur Sonne, verhält sich nach diesem neuen Gleichnisse die menschliche Vorstellung zum Absoluten oder — wie wir wohl auch sagen dürfen — das irdische Leben zu seinem ewigen Sinn: es spiegelt ihn wider, es ist sein farbiges, sein bedeutungsvolles Abbild.

Man sieht, dieser Monolog, von dessen Schönheit zu sprechen hier nicht der Ort ist, besteht wirklich aus aneinander gereihten Gleichnissen. Sind wir aber berechtigt, sie als *naturwissenschaftliche* Gleichnisse zu bezeichnen? Nun, sicherlich gilt dies für das letzte von ihnen. Der Wassersturz und der in ihm entstehende Regenbogen sind so beschrieben, wie sie nur ein mit physikalischen und Farbenproblemen vertrauter Beschauer sieht; hiervon zeugt beispielsweise, daß dem Bogen nicht Dauer, sondern — wie GOETHE mit einem eigens geprägten Worte sagt — *Wechseldauer* zugeschrieben wird. Mit Recht hat daher ARNOLD BERLINER dieses Gleichnis als ein physikalisches bezeichnet. Aber auch in den vorhergehenden Teilen des Monologs steckt viel Naturwissenschaftliches. Eindringende Erkenntnis ist überall mit den Bildern der unmittelbaren Beobachtung verflochten und bewirkt, daß selbst unscheinbare Vorgänge — der erquickte Atem der erwachenden Erde, der Übergang vom Dämmerschein zur Himmelsklarheit, die Klärung des Dunklen zur lichten Farbe und ähnliches — lebendig werden. Wir dürfen also sagen, daß GOETHE an eine so bedeutsame Stelle wir den Eingang zum zweiten Teil seiner Weltdichtung eine naturwissenschaftliche Gleichnisrede gestellt hat.

c) *An Lida* (*veröffentlicht 1798*). Dieses im Oktober 1781 an CHARLOTTE VON STEIN (Lida) gerichtete Gedichtchen, das man wohl ein meteorologisches Gleichnis nennen darf, ist darum besonders interessant, weil wir seine Entstehungsgeschichte genau kennen. GOETHE, der als Gast in der Residenz des Herzogs von Gotha weilt, ist mit seinen Gedanken trotz „des schnellsten Lebens lärmender Bewegung" unablässig bei der fernen Geliebten und grüßt sie sehnsuchtsvoll. „Deine Gestalt", so heißt es am Schlusse der Verse, erblicke ich

„Immerfort wie in Wolken,
Sie leuchtet mir freundlich und treu,
Wie durch des Nordlichts bewegliche Strahlen
Ewige Sterne schimmern.“

Regenbogengleichnisse finden sich in allen Literaturen[1], wenn auch mit dem aus Faust sich keines an Tiefsinn und Schönheit messen kann; hingegen ein Gleichnis, zu dem die in unseren Breiten so seltenen Nordlichterscheinungen den Stoff geliefert haben, ist sicherlich nicht alltäglich und muß auffallen. KARL GOEDEKE[2] sprach daher die Vermutung aus, es müsse hier ein gleichzeitiges Erlebnis zugrunde liegen. Er regte auch Nachforschungen in den „Ephemerides meteorologicae Palatinae“ an, und diese ergaben tatsächlich, daß genau zur Abfassungszeit unseres Gedichtchens überall in Deutschland und nicht zum mindesten in Thüringen Nordlichterscheinungen beobachtet wurden. Daß sie einem so eifrigen Himmelsbeobachter wie GOETHE nicht entgehen konnten, leuchtet ein. Das schöne Gleichnis von den durch die Nordlichtstrahlen hindurchschimmernden ewigen Sternen ist also aus der unmittelbaren Anschauung geschöpft, und darum ist die Naturschilderung so wahr und vollendet.

d) *Ein physikalisches Gleichnis zur Vorgeschichte der „Leiden des jungen Werther“*. Es findet sich im 13. Buche von Dichtung und Wahrheit und dürfte daher 1814 entstanden sein. GOETHE erzählt rückschauend, wie der Stoff zu seinem Jugendroman in ihm gegärt habe; noch aber fehlte ihm eine Begebenheit, eine Fabel, in der er verkörpert werden könnte. „Auf einmal erfahre ich die Nachricht von Jerusalems Tode, und unmittelbar nach dem allgemeinen Gerüchte sogleich die genaueste und umständlichste Beschreibung des Vorganges, und in diesem Augenblick war der Plan zu Werthern gefunden; das Ganze schoß von allen Seiten zusammen und ward eine solide Masse, wie das Wasser im Gefäß, das eben auf dem Punkte des Gefrierens steht, durch die geringste Erschütterung sogleich in festes Eis verwandelt wird.“ Diesen „seltsamen Gewinn“ habe er festgehalten und das Werk sofort geschrieben. Sicherlich wird jeder, der diese Stelle liest, über

[1] Weitere von GOETHE werden im folgenden Abschnitt mitgeteilt werden.
[2] Schnorrs Archiv für Literaturgeschichte 7, 93ff. (1887).

das Bild — die Erscheinungen an unterkühlten Flüssigkeiten oder an übersättigten Lösungen — erstaunt sein. Aus Büchern kann es nicht wohl stammen, dazu ist es zu fernliegend. So bleibt wohl nur übrig anzunehmen, daß GOETHE auch hier, ebenso wie bei dem Nordlichtgleichnis, aus der unmittelbaren Anschauung geschöpft habe. Gewiß hatte er die betreffenden Versuche nicht lange vorher selbst angestellt. DÖBEREINER, in dessen Laboratorium zu Jena er oft Gast war und mit dem er nicht nur „Chemisches", sondern auch „Physikalisches" gern verhandelte, mag ihn beraten haben[1]. So erklärt sich auch, daß er die Erscheinung so exakt und vollendet beschreiben konnte, wie keiner von der „Zunft" es hätte besser machen können. Und wie wundervoll paßt das scheinbar so weit hergeholte sinnliche Bild zu dem unsinnlichen Vorgang, den es erläutern soll! Wir haben vorher von den Wahlverwandtschaften gesagt, daß nur ein GOETHE das Wirken menschlicher Seelenkräfte und Leidenschaften im Bilde chemischer Prozesse schauen konnte. Hier dürfen wir hinzufügen, daß nur ein Dichter, der gleichzeitig Naturforscher war, die Konzeption eines hohen Kunstwerkes im Gleichnisse eines physikalischen Versuchs darzustellen imstande war. Wahrlich, besser als durch dieses Schulbeispiel kann das Wesen der Gleichnisse GOETHES nicht erläutert werden.

III. Weitere Beispiele.

Den nunmehr folgenden Gleichnissen und gleichnisähnlichen naturwissenschaftlichen Hinweisen, an Zahl mehr als 180, sind sachliche Erläuterungen nur, soweit es unerläßlich war, beigegeben. Hingegen wurde ihnen stets hinzugefügt, welcher Veröffentlichung des Dichters sie entstammen. Dadurch wird es jedem Leser, der über eine einigermaßen vollständige GOETHE-Ausgabe verfügt, möglich, die Stellen aufzufinden; für die Briefe kommt allerdings als die einzige vollständige Sammlung die große Weimarer Ausgabe, Abteilung IV, in Betracht. Außerdem ist bei jedem Gleichnisse das Jahr seiner Entstehung angegeben. Als solches durfte bei Brief-

[1] Daß GOETHE sich für Versuche, die starke Kälte zur Voraussetzung hatten, interessierte, ist erweislich, vgl. „Briefwechsel zwischen GOETHE und J. W. DÖBEREINER", herausgeg. von JULIUS SCHIFF. XXIV, 74 (1914).

stellen das Datum des Briefes und im Falle von Schriften, die wie Götz, Werther oder die Wahlverwandtschaften in einem Zuge entstanden sind, deren Erscheinungsjahr angenommen werden. Schwieriger aber war es, wenn die Quelle Werke wie Faust und Wilhelm Meister waren, an denen GOETHE Jahrzehnte hindurch und mit starken Unterbrechungen gearbeitet hat. Doch konnte — dank den Forschungsergebnissen über die Entstehungszeit der einzelnen Abschnitte dieser Werke — auch hier die Datierung zumeist mit ziemlicher Sicherheit erfolgen. Diese Hinzufügungen sind in vieler Hinsicht lehrreich und gestatten insbesondere Rückschlüsse, in welchen seiner Schöpfungen — so in den Briefen an Frau VON STEIN, in den Lehrjahren und in Dichtung und Wahrheit — sowie in welchen Lebensabschnitten der Dichter besonders reich an Bildern aus der Natur und der Naturwissenschaft war. Eine Anordnung der Zitate nach sachlichen Gesichtspunkten erwies sich wegen ihrer Vielfältigkeit als sehr schwierig. Die schließlich gewählte dürfte immerhin eine ungefähre Übersicht ermöglichen. Überdies läßt sie erkennen, daß GOETHE bestimmte sinnliche Erscheinungen und Vorgänge für besonders bildhaft und anschaulich hielt, so daß er wiederholt, oft nach langjährigen Pausen, zu ihnen zurückkehrte. Als solche seien hier genannt: das Ein- und Ausatmen sowie die Diastole und Systole der Herzmuskeln, beide als Beispiele polarer Gegensätze, ferner die Läuterung der Metalle durch Feuer, die Häutung der Schlangen und das Verhalten der Bäume beim Wachsen und Sichverzweigen. Auf diese und andere Lieblingsbilder des Dichters soll an den betreffenden Stellen aufmerksam gemacht werden. *Schließlich sei noch einmal darauf hingewiesen, daß die folgende Sammlung keinen Anspruch auf Vollständigkeit macht. Bei einem systematischen Absuchen des ganzen Gebiets würde die Ernte noch sehr viel größer sein, vor allem, wenn man — wie es ja hier auch wenigstens hin und wieder geschehen ist — zu den eigentlichen Gleichnissen die gleichnisähnlichen naturwissenschaftlichen Hinweise hinzunimmt. Gerade an solchen ist Goethes Reichtum überraschend groß*[1].

[1] Für treue Hilfe bei der Sammlung der Beispiele sowie bei dem Versuche, sie zu gruppieren, sei dem Herausgeber der NATURWISSENSCHAFTEN auch an dieser Stelle aufrichtiger Dank ausgesprochen.

A. Physik.

Eigenschaften der Materie.

Man hat nach unserer Überzeugung noch lange nicht genug Beiworte aufgesucht, um die Verschiedenheit der Charaktere auszudrücken. Zum Versuch wollen wir die Unterschiede, die bei der physischen Lehre von der Kohärenz stattfinden, gleichnisweise gebrauchen: und so gäbe es starke, feste, dichte, elastische, biegsame, geschmeidige, dehnbare, starre, zähe, flüssige und wer weiß was sonst noch für Charaktere. Newtons Charakter würden wir unter die starren rechnen. (Geschichte der Farbenlehre, Newtons Persönlichkeit, 1810.)

Das Ganze [das Manuskript zu Faust II] liegt vor mir, und ich habe nur noch Kleinigkeiten zu berichtigen, so siegle ich's ein, und dann mag es das spezifische Gewicht meiner folgenden Bände [in der Ausgabe letzter Hand], wie es auch damit werden mag, vermehren. (An Zelter, d. 4. September 1831 und fast gleichlautend an Reinhard, d. 7. September 1831.)

Kein Tag vergeht, daß ich nicht in Kenntnis und Ausübung der Kunst zunehme. Wie eine Flasche sich leicht füllt, die man oben offen unter das Wasser stößt, so kann man hier leicht sich ausfüllen, wenn man empfänglich und bereitet ist; es drängt das Kunstelement von allen Seiten her. (Italienische Reise, d. 11. August 1787.)

Bewegung.

Es geht mit mir so einförmig und so sachte, daß man wie an einem Stundenzeiger nicht sieht, daß ich mich bewege, und es Zeit braucht nur zu bemerken, daß ich mich bewegt habe. (An Karl August, d. 18. April 1792.)

Überhaupt aber sind alle Oppositionsmänner, die sich aufs Negieren legen und gern dem was ist etwas abrupfen möchten, wie jene Bewegungsleugner zu behandeln: man muß nur unablässig vor ihren Augen gelassen auf und ab gehen. (An Schiller, den 19. Oktober 1796.)

Von Ihnen kann ich doch nicht wegbleiben. Vergebens daß ich denke, das Wasser soll einen Fall irgend wohin nehmen, werd' ich immer wie ein Klotz auf dem See auf einem Fleck herumgespült. (An Frau von Stein, d. 12. Mai 1779.)

Ich entziehe diesen Springwerken und Kaskaden so viel möglich die Wasser und schlage sie auf Mühlen und in die Wässerungen, aber ehe ich mich's versehe, zieht ein böser Genius den

Zapfen, und alles springt und sprudelt. (An Frau von Stein, d. 14. September 1780, bezieht sich auf die Unterdrückung der poetischen Gelüste zugunsten der Amtsgeschäfte.)

Fall und Wurf.

Wie ein Stein geschwinder fällt, je länger er fällt, so scheint es auch mit dem Leben zu gehen; das meinige wird, so still es von außen aussieht, immer mit größerer Heftigkeit fortgerissen. (An Prinz August von Gotha, d. 3. Januar 1800.)

Ich habe noch drei Tage und nichts zu tun, als sie [die Gräfin Werthern in Neunheiligen] anzusehn, in der Zeit will ich noch manchen Zug erobern. Nur noch einen [ihr Verhalten gegenüber einem Unwürdigen], der wie eine Parabel den Anfang einer ungeheuren Bahn zeichnet! (An Frau von Stein, d. 11. März 1781.)

Eine solche jugendliche, aufs Geratewohl gehegte Neigung ist der nächtlich geworfenen Bombe zu vergleichen, die in einer sanften, glänzenden Linie aufsteigt, sich unter die Sterne mischt, ja einen Augenblick unter ihnen zu verweilen scheint, alsdann aber abwärts, zwar wieder dieselbe Bahn, nur umgekehrt, bezeichnet und zuletzt da, wo sie ihren Lauf geendet, Verderben hinbringt. (Dichtung und Wahrheit, 11. Buch, 1814.)

Es war in den Sternen geschrieben, daß mein Sohn, an dem ich soviel Freude, Sorge und Hoffnung erlebt, auf seiner parabolischen Bahn durch Italien, ehe er sein Ziel in der Nähe der Pyramide des Cestius erreichte, soviel teilnehmende Freunde fand. (An Wilhelm Zahn, d. 10. März 1832.)

Hebel und Schraube.

Mit Hebel und Walzen kann man schon ziemliche Lasten fortbringen; die Stücke des Obelisken zu bewegen, brauchen sie Erdwinden, Flaschenzüge usw. Je größer die Last oder je feiner der Zweck (wie zum Exempel bei einer Uhr), desto zusammengesetzter, desto künstlicher wird der Mechanismus sein und doch im Innern die größte Einheit haben. So sind alle Hypothesen oder vielmehr alle Prinzipien ... Ich lasse einem jeden seinen Hebel und bediene mich der Schraube ohne Ende schon lange, und nun mit noch mehr Freude und Bequemlichkeit. (Italienische Reise, d. 8. Oktober 1787. Im Zusammenhang mit Erörterungen über die religiösen Vorstellungen Herders und anderer.)

Bei den Westfälischen Friedensunterhandlungen sahen die versammelten tüchtigen Männer wohl ein, was für ein Hebel erfordert werde, um jene Sisyphische Last [die Bearbeitung des

Aktenwusts am Reichskammergericht] vom Platze zu bringen. (Dichtung und Wahrheit, 12. Buch, 1814.)

Ich sehe ein Vierteljahr von Mühe, Sorge, Verdruß und Gefahren vor mir, welche alle unnütz überstanden würden, wenn nicht, von oben herein, die Hebel der Gaben, der Gunst, der Gnade, der Teilnahme gleichfalls angelegt würden. (An Karl August, d. 1. Septemberr 1803.)

Umbildung von zwei miteinander verbundenen Hebeln zur Zange:

Wildstarre Felsen widerstehn euch keineswegs;
Dort stürzt von euren Hebeln Erzgebirg' herab,
Geschmolzen fließt's, zum Werkzeug umgebildet nun,
Zur Doppelfaust. Verhundertfältigt ist die Kraft.

(Pandora, 1807.)

Luftballon.

Man kann ihn [Voltaire in seinen Memoiren] mit einem Luftballon vergleichen, der sich durch eine eigene Luftart über alles wegschwingt und da Flächen unter sich sieht, wo wir Berge sehen. (An Frau von Stein, d. 7. Juni 1784.)

Wie ein Luftballon hebt sie [die wahre Poesie] uns mit dem Ballast, der uns anhängt, in höhere Regionen und läßt die verwirrten Irrgänge der Erde in Vogelperspektive vor uns entwickelt daliegen. (Dichtung und Wahrheit, 13. Buch, 1814.)

Für die Übersendung des Almanachs danke vielmals, der eine Art von Purgatòrio darstellt. Die Teilnehmer befinden sich weder auf Erden, noch im Himmel, noch in der Hölle, sondern in einem interessanten Mittelzustand, welcher teils peinlich, teils erfreulich ist. Das Vermehrische nimmt sich denn freilich nicht zum besten daneben aus. Die Feuerluft aus Fr. Schlegels Laboratorium vermag den Ballon doch nicht flott zu machen und soviel Ballast mit in die Höhe zu nehmen. (An Schelling, d. 5. Dezember 1801.)

Akustik.

Selbst der Anblick der Imhof hat mir weh getan, da sie Dir so ähnlich ist und doch nicht Du. Sie ist wie eine Septime, die das Ohr nach dem Akkorde verlangen macht. (An Frau von Stein, d. 10. Oktober 1785.)

Glückliche Zeit des ersten Liebesbedürfnisses! Der Mensch ist dann wie ein Kind, das sich am Echo stundenlang ergötzt, die Unkosten des Gespräches allein trägt und mit der Unterhaltung wohl zufrieden ist, wenn der unsichtbare Gegenpart auch nur die letzten Silben der ausgerufenen Worte wiederholt. (Wilhelm Meisters Lehrjahre, 1. Buch, 15. Kap., 1794.)

Sie erhalten zugleich ein Trauerspiel, in welchem Sie mit Schrecken abermals, wie mich dünkt, aus einem sehr hohlen Fasse, den Nachklang des Wallensteins hören werden. (An Schiller, d. 11. März 1801.)

Die Stunden, in welchen etwas Produktionsähnliches bei mir sich zeigte, habe ich auf die neue Ausgabe meiner Übersetzung des Cellini verwandt, wozu ich, in einem Anhang, einiges hinzufüge, das den Zustand damaliger Zeit und Kunst einigermaßen näherbringen soll. Wenn Sie es künftig einmal in Rom lesen, so haben Sie Nachsicht! Es sind mehr Nachklänge, als daß es der Ton selbst wäre. (An W. v. Humboldt, d. 27. Januar 1803.)

Wärme.

Der Dichter ist beschämt, daß ungerechte Reden feindlicher Menschen ihm vorübergehend das liebliche Bild der Geliebten trüben konnten. Er vergleicht dies mit der ebenfalls nur vorübergehenden Trübung des Feuers durch hineingegossenes Wasser:

Dunkel brennt das Feuer nur augenblicklich und dampfet,
Wenn das Wasser die Glut stürzend und jählings verhüllt.
Aber sie reinigt sich schnell, verjagt die trübenden Dämpfe,
Neuer und mächtiger dringt leuchtende Flamme hinauf.
(6. Römische Elegie, zwischen 1788 und 1790.)

Die Flamme reinigt sich vom Rauch:
So reinig' unsern Glauben!
(Die erste Walpurgisnacht, 1799.)

Denn wie ein Funke fähig, zu entzünden
Die Kaiserstadt, wenn Flammen grimmig wallen,
Sich winderzeugend glühn von eignen Winden,
Er, schon erloschen, schwand zu Sternenhallen:
So schlang's von dir sich fort, mit ew'gen Gluten,
Ein deutsches Herz von frischem zu ermuten.
(Westöstlicher Divan, Buch Hafis, „Nachbildung", 1814.)

Die sich selber Zugluft erzeugende Flamme erinnert an:

Ach, sie standen noch, Ilios'
Mauern, aber die Flammenglut
Zog vom Nachbar zum Nachbar schon,
Sich verbreitend von hier und dort
Mit des eignen Sturmes Wehn
Über die nächtliche Stadt hin.
(Faust II, 3. Akt, 1827.)

Die Wirkung dieses Büchleins [des Werther] war groß, ja ungeheuer, und vorzüglich deshalb, weil es genau in die rechte Zeit traf. Denn wie es nur eines geringen Zündkrauts bedarf, um eine gewaltige Mine zu entschleudern, so war auch die Explosion, welche sich hierauf im Publikum ereignete, deshalb so mächtig, weil die junge Welt sich schon selbst untergraben hatte. (Dichtung und Wahrheit, 13. Buch, 1814.)

Lichtstrahlen.

Da alles in der Natur, besonders aber die allgemeinen Kräfte und Elemente, in einer ewigen Wirkung und Gegenwirkung sind, so kann man von einem jeden Phänomene sagen, daß es mit unzähligen andern in Verbindung stehe, wie wir von einem frei schwebenden leuchtenden Punkte sagen, daß er seine Strahlen nach allen Seiten aussende. (Der Versuch als Vermittler von Objekt und Subjekt, 1793.)

Brennpunkt.

Ein Drama [bezieht sich auf die Iphigenie in ihrer ursprünglichen Form] ist wie ein Brennglas; wenn der Akteur unsicher ist und den focum nicht treffend findet, weiß kein Mensch, was er aus dem kalten und vagen Scheine machen soll. Auch ist es viel zu nachlässig geschrieben, als daß es von dem gesellschaftlichen Theater [der Liebhaberbühne] sich so bald in die freiere Welt wagen dürfte. (An Karl Theodor von Dalberg, d. 21. Juli 1779.)

Die Menschen sind so gemacht, daß sie gern durch einen Tubus sehen, und wenn er nach ihren Augen richtig gestellt ist, ihn loben und preisen; verschiebt ein anderer den Brennpunkt und die Gegenstände erscheinen ihnen trüblich, so werden sie irre, und wenn sie auch das Rohr nicht verachten, so wissen sie sich's doch selbst nicht wieder zurechtzubringen; es wird ihnen unheimlich, und sie lassen es lieber stehen. (An Jenny von Voigts, d. 21. Juni 1781, ein Gleichnis für das Publikum, das durch den Tadel Friedrichs des Großen in seinem Urteil über den Götz von Berlichingen irre geworden war.)

Jede Form [von Dichtwerken], auch die gefühlteste, hat etwas Unwahres, allein sie ist ein für allemal das Glas, wodurch wir die heiligen Strahlen der verbreiteten Natur an das Herz der Menschen zum Feuerblick sammeln. Aber das Glas! Wem's nicht gegeben wird, wird's nicht erjagen; es ist, wie der geheimnisvolle Stein der Alchimisten, Gefäß und Materie, Feuer und Kühlbad. (Anhang zu Mercier-Wagners Neuem Versuch über die Schauspielkunst, 1775.)

Im Gegensatz zu der beinahe unverständlich werdenden Sprache deutscher Gelehrten bedient sich der Franzose herkömmlicher Ausdrücke, weiß sie aber so zu stellen, daß sie wie ein aus flachen Glasspiegeln zusammengesetzter Hohlspiegel kräftig auf einen Fokus zusammenwirken. (An C. Fr. von Reinhard, d. 10. Juni 1822.)

Camera clara.

Wenn es so recht hell Mittag ist, dann lassen Sie die Freunde in der Camera clara Ihres feinen Gemütes auf und ab spazieren und seien Sie den wandelnden Bildern freundlich. (An Pauline Gotter, d. 16. November 1808.)

Regenbogen.

Ein frühzeitiges Gewitter ... ging stürmisch an den Bergen nieder, der Regen zog nach dem Lande, die Sonne trat wieder in ihrem Glanze hervor, und auf dem grauen Grunde erschien der herrliche Bogen. Wilhelm ... sah ihn mit Wehmut an. Ach, sagte er zu sich selbst, erscheinen uns denn eben die schönsten Farben des Lebens nur auf dunklem Grunde, und müssen Tropfen fallen, wenn wir entzückt werden sollen? (Wilhelm Meisters Lehrjahre, 7. Buch, 1. Kap., 1795.)

Zart Gedicht wie Regenbogen
Wird nur auf dunklen Grund gezogen.
Darum behagt dem Dichtergenie
Das Element der Melancholie.

(Sprichwörtlich, 1815.)

Von den andern Seiten sind die Rosenlauben bis zum Feenhaften geschmückt und die Malven und was nicht alles blühend und bunt, und mir erscheint das alles in erhöhteren Farben wie der Regenbogen auf schwarzgrauem Grunde. (An Zelter, den 10. Juli 1828. Geschrieben in Dornburg kurz nach dem Tode Karl Augusts.)

Doppelbrechung.

Da geht es mir denn wunderlich genug, denn, als wenn ich durch einen Doppelspat hindurchsähe, werde ich zwei Bilder meiner Persönlichkeit gewahr, die ich kaum zu unterscheiden weiß, welches das ursprüngliche und welches das abgeleitete sei. (An Schubarth, d. 9. Juli 1820. Bezieht sich auf Goethes eigene Meinung von seinen Dichtungen und ihre Auslegung durch Schubarth.)

Nachbild.

Wie der wandernde Mann, der vor dem Sinken der Sonne
Sie noch einmal ins Auge, die schnellverschwindende, faßte,
Dann im dunkeln Gebüsch und an der Seite des Felsens
Schweben siehet ihr Bild: Wohin er die Blicke nur wendet,

Eilet es vor und glänzt und schwankt in herrlichen Farben:
So bewegte vor Hermann die liebliche Bildung des Mädchens
Sanft sich vorbei und schien dem Pfad ins Getreide zu folgen.

(Hermann und Dorothea, 7. Gesang, 1797. Ein merkwürdiges Gleichnis, eine — übrigens wundervoll beschriebene — subjektive Sinneserscheinung wird mit einem Vorgang, den Hermann träumt, parallelisiert.)

Phosphoreszenz.

Man erzählt von dem Bononischen Steine, daß er, wenn man ihn in die Sonne legt, ihre Strahlen anzieht und eine Weile bei Nacht leuchtet. So war es mir mit dem Burschen. Das Gefühl, daß ihre [Lottens] Augen auf seinem Gesichte, seinen Backen, seinen Rockknöpfen und dem Kragen am Surtout geruht hatten, machte mir das alles so heilig, so wert. (Werther, 1. Buch, 1774. — Bononischer Stein hieß das durch Glühen von Schwerspat mit Kohle entstandene, nach der Belichtung nachleuchtende Produkt.)

Wenn ich die zu Superlativen zugestutzte Feder des großen Lavater und sein phosphoreszierendes Tintenfaß hätte, was viel gesagt ist, so würde ich kaum imstande sein, den tausendsten Teil der Fürtrefflichkeit eines Traumes auszudrücken, den ich gestern gehabt habe. (An J. G. und Caroline Herder, wahrscheinlich 1783.)

Jede Zeile desselben [des Briefes] phosphoresziert von allerliebster Neigung und herzlichem Wohlwollen. (An Nees von Esenbeck, d. 11. September 1826.)

Fata morgana.

Ihre Berg-, Burg-, Kletter- und Schaurelationen versetzen mich in eine schöne heitere Gegend, und ich stehe nicht davor, daß Sie nicht gelegentlich davon eine phantastische Abwicklung in einer Fata morgana zu sehen kriegen. (An Bettina Brentano, d. 3. April 1808.)

Hierher gehört auch:

Blau, hinter Wüst' und Heere,
Der Streif erlogner Meere.

(Westöstlicher Divan, Buch des Unmuts, 1814.)

Magnetismus.

So bindet der Magnet mit seiner Kraft
Das Eisen mit dem Eisen fest zusammen,
Wie gleiches Streben Held und Dichter bindet.

(Tasso I 3, 1789.)

Ach! zwei liebende Herzen, sie sind wie zwei Magnetuhren: was in der einen sich regt, muß auch die andere mit bewegen; denn es ist nur *eins*, was in beiden wirkt, *eine* Kraft, die sie durchgeht. (Wilhelm Meisters Lehrjahre, 1. Buch 17. Kap., 1794—96.)

Noch mehr aber quälte mich das Leben selbst, wo mir eine Magnetnadel gänzlich fehlte, die mir um so nötiger gewesen wäre, da ich jederzeit bei einigermaßen günstigem Winde mit vollen Segeln fuhr und also jeden Augenblick zu stranden Gefahr lief. (Aus meinem Leben, Fragmentarisches, Jugendepoche. Veröffentlicht aus dem Nachlaß.)

Wie nur dadurch eine sichre Schiffahrt nach allen Weltgegenden möglich ist, wenn man sich über die Weltgegenden selbst und über die andeutenden Nadeln vereinigt hat; so ist es auch in der Kunst. Ein jeder nehme die Richtung, die ihm der Geist eingibt; aber er wisse wohin, und mit was für Mitteln er seine Fahrt einrichtet. (An Runge, d. 22. August 1806.)

Goethe spricht von seinem Verhältnis zum Theaterpersonal als „Chef" der Anstalt und sagt: Es fehlte bei unserem Theater nicht an Frauenzimmern, die schön und jung und dabei von großer Anmut der Seele waren . . . Hätte ich mich in irgendeinen Liebeshandel eingelassen, so würde ich geworden sein wie ein Kompaß, der unmöglich recht zeigen kann, wenn er einen einwirkenden Magnet an seiner Seite hat. (Von Eckermann im Gespräch vom 22. März 1825 berichtet.)

Elektrizität.

Die Natur auffassen und sie unmittelbar benutzen, ist wenig Menschen gegeben . . . Ebenso begreift man nicht leicht, daß in der großen Natur das geschieht, was auch im kleinsten Zirkel vorgeht. Dringt es ihnen die Erfahrung auf, so lassen sie sich's zuletzt gefallen. Spreu, von geriebenem Bernstein angezogen, steht mit dem ungeheuersten Donnerwetter in Verwandtschaft, ja ist eine und ebendieselbe Erscheinung. (Maximen und Reflexionen, 1818—1827.)

Freudigkeit der Seele und Heroismus ist so kommunikabel wie die Elektrizität . . . Sie haben so viel davon, als die elektrische Maschine Feuerfunken in sich enthält. (An Friderike Oeser, d. 13. Februar 1769.)

Ihre fürstliche Gegenwart zieht, wie ein Gewitterableiter, alle Elektrizität zärtlicher Herzen an sich, daß wir andern [die Kavaliere des Prinzen] vorm Einschlagen ganz gesichert sind. (Der Triumph der Empfindsamkeit, 3. Akt, 1777.)

Von dem wissenschaftlichen Antagonismus zwischen Cuvier und Geoffroy de Saint-Hilaire, der zu dem berühmten Akademiestreite führte, heißt es: Und so nährt sich heimlich der abermalige

Widerstreit und bleibt länger verborgen als der ältere, indem höhere gesellige Bildung, gewisse Konvenienzen, schweigende Schonungen den Ausbruch ein Jahr nach dem andern hinhalten, bis denn doch endlich eine geringe Veranlassung die nach außen und innen künstlich getrennte Elektrizität der Leydner Flasche, den geheimen Zwiespalt, durch eine gewaltige Explosion offenbart. (Principes de Philosophie zoologique, 2. Abschnitt, 1830—32.)

B. Chemie.

Chemische Arbeitsmethoden.

Wie anders sieht auf dem Platze aus, was geschieht, als wenn es durch die Filtriertrichter der Expeditionen eine Weile läuft. (An Frau von Stein, d. 4. März 1779. Bezieht sich auf den Unterschied zwischen dem eigenen Sehen und dem aus den Akten Entnommenen.)

Mit diesem letzten [dem Faust, zu dessen Weiterführung Schiller drängte] geht mir's wie mit einem Pulver, das sich aus seiner Auflösung nun einmal niedergesetzt hat; solange Sie dran rütteln, scheint es sich wieder zu vereinigen, sobald ich wieder für mich bin, setzt es sich nach und nach zu Boden. (An Schiller, d. 17. August 1795.)

Chemische Affinität.

Goethe hat die Erscheinungen der chemischen Wahlverwandtschaft auch außerhalb seiner großen Gleichnisrede zu Gleichnissen benutzt (siehe IIa):

Er [der Romanschriftsteller Crébillon] behandelt die Leidenschaften wie Kartenbilder, die man durcheinander mischen . . . und wieder ausspielen kann, ohne daß sie sich im geringsten verändern. Es ist keine Spur von der zarten chemischen Verwandtschaft, wodurch sie sich anziehen und abstoßen, vereinigen, neutralisieren, sich wieder scheiden und herstellen. (An Schiller, d. 23. Oktober 1799.)

Von dem aus sehr verschiedenen Ständen und Kulturen bestehenden, den Epimenides anfänglich ablehnenden Berliner Theaterpublikum hören wir folgendes: Bei öfterer Wiederholung ist es ganz etwas anderes; da entstehen ohne Blasebalg und Flammen, ohne Kunst und Vorsatz die zartesten Wahlverwandtschaften, welche jene abgesondert scheinenden Glieder auf die gefälligste Weise zu einem Ganzen verbinden. (An Zelter, d. 17. April 1815.)

Führt Ihnen das Leben eine neue Wahlverwandtschaft zu, so werden Sie sich von Ihrem ersten Lehrer abgezogen fühlen und doch immer dasjenige schätzen, was Sie durch ihn gewonnen haben. (An Schubarth, d. 8. Juli 1818. Der erste Lehrer ist Goethe selbst.)

Die Vorstellung der gerade gegensätzliche Stoffe zur Vereinigung bringenden chemischen Kraft liegt — obgleich der Name Wahlverwandtschaft nicht genannt ist — auch folgender Stelle aus dem Nachruf für den Weimarer Theatermeister zugrunde:

Wie die Natur manch' widerwärt'ge Kraft
Verbindend zwingt und streitend Körper schafft,
So zwang er jedes Handwerk, jeden Fleiß;
Des Dichters Welt entstand auf sein Geheiß.

(Auf Miedings Tod, 1782.)

Metallurgie.

Es [das Drama Götz von Berlichingen] muß eingeschmolzen, von Schlacken gereinigt, mit neuem edlerem Stoff versetzt und umgegossen werden. Dann soll's wieder vor Euch erscheinen. (An Herder, Juli 1772.)

Laß mich ein Gleichnis brauchen. Wenn du eine glühende Masse Eisen auf dem Herde siehst, so denkst du nicht, daß so viel Schlacken drin stecken, als sich erst offenbaren, wenn es unter den großen Hammer kommt. Dann scheidet sich der Unrat . . . und das gediegene Erz bleibt dem Arbeiter in der Zange. Es scheint, als wenn es eines so gewaltigen Hammers bedurft habe, um meine Natur von den vielen Schlacken zu befreien und mein Herz gediegen zu machen. (An F. H. Jacobi, d. 17. November 1782.)

Wilhelm dachte sich das häusliche Leben eines Schauspielers als eine Reihe von würdigen Handlungen und Beschäftigungen, davon die Erscheinung auf dem Theater die äußerste Spitze sei, etwa wie ein Silber, das vom Läuterfeuer lange herumgetrieben worden, endlich farbigschön vor den Augen des Arbeiters erscheint und ihm zugleich andeutet, daß das Metall nunmehr von allen fremden Zusätzen gereinigt sei. (Wilhelm Meisters Lehrjahre, 1. Buch, 15. Kap. 1794—96.)

Was hilft es mir, gutes Eisen zu fabrizieren, wenn mein eigenes Inneres voller Schlacken ist? und was, ein Landgut in Ordnung zu bringen, wenn ich mit mir selbst uneins bin? (Wilhelm Meisters Lehrjahre, 5. Buch 3. Kap., 1794—96. Worte Wilhelms, den Goethe sein geliebtes Ebenbild nannte.)

So habe ich die alten derelinquierten Papiere hervorgesucht, wo zwar manches . . . Brauchbare sich findet, aber auch ein Wust von erst durchgeschmolzenem Gestein, wo man ein schreckliches

Feuer und Schmiedearbeit anwenden müßte, um das bißchen Metallische herauszugewinnen. (An S. Boisserée, d. 24. Juni 1816.)

Quecksilber.

Diese [die Gräfin Werthern] hat Welt ... sie weiß die Welt zu behandeln (la manier), sie ist wie Quecksilber, das sich in einem Augenblick tausendfach teilt und wieder in eine Kugel zusammenläuft. (An Frau von Stein, den 11. März 1781.)

Es ist nur *ein* Rom in der Welt, und ich befinde mich hier wie der Fisch im Wasser und schwimme oben wie eine Stückkugel im Quecksilber, die in jedem andern Fluidum untergeht. (Italienische Reise, zweiter römischer Aufenthalt, 1787.)

Reden schwanken so leicht herüber hinüber ...
Mit den Büchern ist es nicht anders. Liest doch nur jeder
Aus dem Buch sich heraus, und ist er gewaltig, so liest er
In das Buch sich hinein, amalgamiert sich das Fremde.
(Erste Epistel, 1794.)

Alles mischt die Natur so einzig und innig, doch hat sie —
Edel- und Schalksinn hier, ach, nur zu innig vermischt.
(Das Amalgama, 1796, eine der gegen Lavater gerichteten Xenien.)

Der Trost, den Sie mir in Ihrem Briefe geben, daß durch die Verbindung des Reinen und Abenteuerlichen ein nicht ganz verwerfliches poetisches Ungeheuer entstehen könne, hat sich durch die Erfahrung schon an mir bestätigt, indem aus dieser Amalgamation seltsame Erscheinungen, an denen ich selbst einiges Gefallen habe, hervortreten. (An Schiller, d. 16. September 1800.)

Doch hast Du Speise, die nicht sättigt, hast
Du rotes Gold, das ohne Rast,
Quecksilber gleich, Dir in der Hand zerrinnt.
(Faust I, Studierzimmer, 1808.)

Angela liest hin und wieder aus ihrem Archiv vor: bei welcher Gelegenheit dann wieder auf eine merkwürdige Weise tausend Einzelheiten hervorspringen, eben als wenn eine Masse Quecksilber fällt und sich nach allen Seiten hin in die vielfachsten unzähligen Kügelchen zerteilt. (Wilhelm Meisters Wanderjahre, 1. Buch 10. Kap., 1825—29.)

Gärung.

Wir haben das Getränk wenigstens zuletzt in der Essiggärung erhalten; nun aber tritt die Fäulnis mit Macht ein, deren Eilfertigkeit man kennt. (An August von Goethe, d. 5. Juni 1817. Bezieht sich auf das Weimarer Theater, dessen Leitung ihm genommen worden war.)

Die Chemiker belehren uns von drei Gärungen ... Wein, Essig und Fäulnis; in dieser letzten versieren gegenwärtig behagliche Talente der Franzosen [Victor Hugo usw.]. Wie sie wieder zur natürlichen Beere und kräftiger Mostgärung gelangen sollen, weiß ich nicht. (An S. Boisserée, d. 8. September 1831.)

Hierher gehören auch aus dem Gedicht „Erschaffen und Beleben" (Westöstlicher Divan, 1814) das mit „Hans Adam war ein Erdenkloß" beginnt, die Verse:

Der Klumpe fühlt sogleich den Schwung,
Sobald er sich benetzet,
So wie der Teig durch Säuerung
Sich in Bewegung setzet.

Probierstein.

Die Menschen streichen sich recht auf mir auf, wie auf einem Probierstein, ihre Gefälligkeit, Gleichgültigkeit, Hartleibigkeit und Grobheit, eins mit dem andern macht mir Spaß. (An Frau von Stein, d. 9. Dezember 1777.)

Die Kinder sind ein rechter Probierstein auf Lüge und Wahrheit, und es ist ihnen noch gar nicht so sehr wie den Alten um den Selbstbetrug not. (An Frau von Stein, d. 5. Oktober 1784.)

Du hast dich auf dem schwarzen Probiersteine des Todes als ein echtes geläutertes Gold aufgestrichen. Wie herrlich ist ein Charakter, wenn er so von Geist und Seele durchdrungen ist. (An Zelter, d. 3. Dezember 1812.)

Wie der Probierstein durch Schwärze und rauhglatte Eigenschaft seiner Oberfläche den Unterschied der aufgestrichenen Metalle anzuzeigen am geschicktesten ist, so war auch er [Lavater] durch den reinen Begriff der Menschheit, den er in sich trug, ... im höchsten Grade geeignet, die Besonderheiten einzelner Menschen zu gewahren, zu kennen, zu unterscheiden, ja auszusprechen. (Dichtung und Wahrheit, 19. Buch, 1831.)

Feuerwerk.

In diesem Jena selbst ... ist es jetzt so still als niemals, weil jeder in seinem eigenen Laboratorium die Raketen und Feuerkugeln verfertigt, womit er die Welt in Staunen setzen und womöglich entzünden möchte. Bei diesen Eruptionen sitze ich ruhig wie der Einsiedler auf der Somma. (An Sartorius, d. 23. Februar 1818. Bezieht sich auf die politischen Wirren in Jena.)

Caput mortuum.

Goethe sagt von Napoleon: Er betrachtet die Idee als ein geistiges Wesen, das zwar keine Realität hat, aber, wenn es verfliegt, ein Residuum (Caput mortuum) zurückläßt, dem wir die Wirklichkeit nicht ganz absprechen können. (Maximen und Reflexionen, veröffentlicht seit 1818. Unter Caput mortuum verstand die ältere Chemie die Rückstände, die bei der Destillation von Eisenvitriol usw. in der Retorte bleiben.)

Rost.

Die Wasser bekommen mir sehr wohl und auch die Notwendigkeit, immer unter Menschen zu sein, hat mir gut getan. Manche Rostflecken, die eine zu hartnäckige Einsamkeit über uns bringt, schleifen sich da am besten ab. (An Karl August, d. 15. August 1785.)

C. Astronomie. Atmosphärische Erscheinungen. Mathematik.

Kosmologie.

Er [Lavater] kommt mir vor wie ein Mensch, der mir weitläufig erklärte, die Erde sei keine akkurate Kugel, vielmehr an beiden Polen eingedrückt, bewiese das aufs bündigste und überzeugte mich, daß er die neusten, ausführlichsten, richtigsten Begriffe von Astronomie und Weltbau habe. Was würden wir nun sagen, wenn solch ein Mann endigte: schließlich muß ich noch der Hauptsache erwähnen, nämlich daß diese Welt, deren Gestalt wir aufs genaueste dargetan, auf dem Rücken einer Schildkröte ruht, sonst sie in Abgrund versinken würde. (An Frau von Stein, d. 6. April 1782; soll zeigen, wie in Lavater der höchste Menschenverstand und der krasseste Aberglauben aufs engste verknüpft sind.)

Polarstern. Sirius.

Blickten wir hingegen nach Norden, so leuchtete uns von dort Friedrich, der Polarstern, her, um den sich Deutschland, Europa, ja die Welt zu drehen schien. (Dichtung und Wahrheit, 11. Buch, 1814.)

Unter andern trat, wie ein Sirius unter den kleinen Gestirnen, Herr Steffens hervor und funkelte mit kometenartigen Strahlen. (An F. A. Wolf, d. 31. August 1806.)

Achsendrehung und Sonnenumlauf der Erde.

Es ist wahr, und ich sehe es wohl ein, daß Sie in Ihrer Weise zu leben und zu wirken eine Veränderung machen müßten; allein was hat sich nicht alles verändert, und glücklich der, der, indem die Welt sich umdreht, sich auch um seine Angel drehen kann. (An F. A. Wolf, d. 28. November 1806.)

Es ist eine sehr angenehme Empfindung, wenn sich eine neue Leidenschaft in uns zu regen anfängt, ehe die alte noch ganz verklungen ist. So sieht man bei untergehender Sonne gern auf der entgegengesetzten Seite den Mond aufgehen und erfreut sich an dem Doppelglanze der beiden Himmelslichter. (Dichtung und Wahrheit, 13. Buch, 1814.)

Nachdem wir gestern den längsten Tag gefeiert haben, so will ich auf der andern Seite des Jahres nicht hinabsteigen, ohne Ihnen, verehrter Freund, für zwei Briefe zu danken, ... (An C. F. v. Reinhard, d. 22. Juni 1808.)

Denn wir wünschen nichts mehr, als Ihnen unsere Verehrung und Bruderliebe zu betätigen, mit welcher wir vom Osten bis zum Westen des Lebens verharren als Ihre treuverbundensten Brüder. (An die hochw. Loge „Günther zum stehenden Löwen“ in Rudolstadt, Beilage zum Briefe an F. J. Bertuch, d. 11. März 1808.)

Bahnbestimmung.

Wer kann der Liebe vorschreiben? Dem einfachsten und dem grilligsten Dinge in der grillenhaften Zusammensetzung, die man Mensch nennt ... dem Gestirn, dessen Weg man bald wie die Bahn der Sonne auf den Punkt auszurechnen imstande ist, und das oft schlimmer als Komet und Irrlicht den Beobachter trügt? (An Frau von Stein, d. 12. April 1782.)

Zirkumpolarsterne.

Deine Liebe ist mir wie der Morgen- und Abendstern, er geht nach der Sonne unter und vor der Sonne wieder auf. Ja, wie ein Gestirn des Pols, das nie untergehend über unserm Haupt einen ewig lebendigen Kranz flicht. Ich bete, daß es mir auf der Bahn des Lebens die Götter nie verdunkeln mögen. (An Frau von Stein, d. 22. März 1781.)

Öffentliche Nachrichten von dem Befinden des Herrn Minister von Stein beunruhigen uns; ... er ist ein Stern, den ich bei meinem Leben nicht möchte hinabgehen sehen. (An Antonie Brentano, d. 16. Januar 1818.)

Empfiehl mich deiner fürtrefflichen Freundin, und danke ihr, daß sie durch einige Zeilen ihrer Hand mir ihr Dasein näher gebracht hat; sonst war sie mir schon wie ein Stern der südlichen Hemisphäre, den uns der Horizont auf immer verbirgt. (An F. H. Jacobi, d. 28. Dezember 1794.)

Wenn die fürtrefflichen Personen, mit denen man das Glück hat zu gleicher Zeit zu leben, gleichsam wie Sterne an unserm Horizonte stehen, zu denen man oft den Blick hinwendet und sich auch in der Entfernung an ihnen ergötzt und erquickt, so ist es ein schmerzlicher Übergang, wenn sie sich von unserm sinnlichen Horizonte verlieren und sie das Gefühl in der idealen Hemisphäre unseres Daseins aufsuchen muß. (An Wilhelm Christoph v. Diede, d. 19. Juli 1804.)

Sonnensystem.

Herder, Herder, bleiben Sie mir, was Sie mir sind. Bin ich bestimmt, Ihr Planet zu sein, so will ich's sein, es gern, es treu sein. Ein freundlicher Mond der Erde. Aber das — fühlen Sie's ganz — daß ich lieber Merkur sein wollte, der letzte, der kleinste vielmehr unter siebenen, der sich mit Ihnen um eine Sonne drehte, als der erste unter fünfen, die um den Saturn ziehn. (An Herder, Sommer 1771.)

Kometen.

Gestern abend hat mich das schöne Misel [Corona Schroeter, Misel Dialektform für Mädchen] gleich einem Kometen aus meiner gewöhnlichen Bahn mit sich nach Hause gezogen. (An Frau von Stein, d. 30. März 1780.)

Meine Mutter ist recht glücklich gewesen, Sie bei sich zu haben. Die gute Frau schreibt auch eine Epoche von dem Tage Ihrer Bekanntschaft. So geht's den Astronomen, wenn an dem gewohnten und meist unbedeutenden Sternenhimmel sich Gott sei Dank endlich einmal ein Komet sehen läßt. (An Frau von Branconi, d. 16. Oktober 1780.)

Indessen ... Ottilie mit ihren Untergebenen dafür zu sorgen wußte, daß es an nichts bei so großem Zudrang fehlen möchte,... zeigte sich Luciane immer wie ein brennender Kometenkern, der einen langen Schweif nach sich zieht. (Wahlverwandtschaften, 2. Teil 4. Kap., 1809.)

Er glänzt uns vor, wie ein Komet entschwindend, —
Unendlich Licht mit seinem Licht verbindend.
(Epilog zu Schillers Glocke, 1815.)

Meteore.

Der Ehre schöne Götterlust,
Die wie ein Meteor verschwindet.
(Faust I.)

Sie [Ottilie] umschlang ihn ... und drückte ihn auf das zärtlichste an ihre Brust. Die Hoffnung fuhr wie ein Stern, der vom Himmel fällt, über ihre Häupter weg. (Wahlverwandtschaften, 2. Teil, 13. Kap., 1809.)

Er [Herder] hatte den Vorhang zerrissen, der mir die Armut der deutschen Literatur bedeckte ... an dem vaterländischen

Himmel blieben nur wenige bedeutende Sterne, indem er die übrigen alle nur als vorüberfahrende Schnuppen behandelte. (Dichtung und Wahrheit, 11. Buch, 1814.)

Luftperspektive.

Meine eignen poetischen Unternehmungen waren mir schon seit einiger Zeit fremd geworden, und ich wendete mich wieder... gegen die geliebten Alten, die noch immer wie ferne blaue Berge, deutlich in ihren Umrissen und Massen, aber unkenntlich in ihren Teilen und inneren Beziehungen, den Horizont meiner geistigen Wünsche begrenzten. (Dichtung und Wahrheit, 8. Buch, 1812.)

Meteorologie.

Wie leicht und zierlich, klar und zart gewoben,
Schwebt seraphgleich aus ernster Wolken Chor,
Als glich' es ihr, am blauen Äther droben
Ein schlank Gebild aus lichtem Duft empor.
So sahst du sie in frohem Tanze walten,
Die lieblichste der lieblichsten Gestalten.

(Marienbader Elegie, 1823. Die Cirruswolke, hier Gleichnis für die im Tanz leicht schwebende Ulrike von Levetzow, ist von Goethe mehrfach symbolisch gedeutet worden, so zugleich mit dem Cumulus im Anfangsmonolog des 4. Akts von Faust II. Vgl. auch das Gedicht Howards Ehrengedächtnis.)

Könnt' ich euch malen, wie leer die Welt ist, man würde sich aneinander klammern und nicht voneinander lassen. Indes bin ich auch schon wieder bereit, daß uns der Scirocco von Unzufriedenheit, Widerwillen, Undank, Lässigkeit und Prätension entgegendampfe. (An Frau von Stein, d. 30. November 1779.)

Mathematik.

Diese Begierde, die Pyramide meines Daseins, deren Basis mir angegeben und gegründet ist, so hoch als möglich in die Luft zu spitzen, überwiegt alles andere und läßt kaum augenblickliches Vergessen zu. Ich darf mich nicht säumen [sic], ich bin schon weit in Jahren vor, und vielleicht bricht mich das Schicksal in der Mitte, und der Babylonische Turm bleibt stumpf unvollendet. (An Lavater, d. 21. September 1780.)

Freilich ist die Region, in der wir uns umtun, so weit und breit, daß von einem gemeinsamen Wege eigentlich nicht die Rede sein kann; und gerade die, welche vom Zentrum nach der Peripherie gehen, können, obgleich nach *einem* Ziele strebend, unmöglich parallelen Schritt halten, und sie müssen daher, insofern ihnen die Tätigkeiten anderer bekannt werden, immer nur darauf achten, ob ein jeder seinem Radius, den er eingeschlagen, getreu bleibt. (An Johannes Müller, d. 23. Februar 1826, bezieht sich auf dessen Arbeiten über Sinnesphysiologie.)

Wäre es dem Redakteur jeder Zeit möglich dergestalt auszuwählen, daß die Tiefe niemals hohl und die Fläche niemals platt würde; so ließe sich gegen ein Unternehmen nichts sagen, dem man in mehr als einem Sinne Glück zu wünschen hat. (An Bettina Brentano, d. 22. Juni 1808.)

Lebe besonnen und vergnügt auf den Segmenten der Erdkugel, wo dich dein gutes Geschick hinführt. An Spiralen und noch wunderlichern Linien ist ohnehin kein Mangel. (An August von Goethe, d. 3. Juni 1808.)

Mittelpunkt der Perspektive.

Und doch muß ich sagen, daß nichts vorteilhafter ist als in solchem Zeuge [Amtsgeschäften] zu kramen. Von oben herein sieht man alles falsch, und die Dinge gehn so menschlich, daß man, um etwas zu nutzen, sich nicht genug im menschlichen Gesichtskreis halten kann. (An Karl August, d. 8. März 1779.)

Ungetrübt von einer beschränkten Leidenschaft treten nun in meine Seele die Verhältnisse zu den Menschen, die bleibend sind, meine entfernten Freunde und ihr Schicksal liegen nun vor mir wie ein Land, in dessen Gegenden man von einem hohen Berge oder im Vogelflug sieht. (An Frau von Stein, d. 24. September 1779.)

Dieser Ehrenmann hat hinunterwärts einen recht guten Blick und übersieht die Kotzebuischen Sümpfe genugsam, um eine Art von Karte davon zu entwerfen, aber gegen einige Felsstücke, die über ihn reichen, verdreht er sich gar zu sehr den Hals, um hinaufzusehen: wenn sein Tadel ganz verständig und geistreich ist, so wird sein Lob mitunter ganz abgeschmackt. (An Eichstädt, d. 25. Mai 1805.)

D. Geologie. Mineralogie.

Auf einem hohen, nackten Gipfel sitzend und eine weite Gegend überschauend, . . . werde ich zu höheren Betrachtungen der Natur hinaufgestimmt, und wie der Menschengeist alles belebt, so wird auch ein Gleichnis in mir rege, dessen Erhabenheit ich nicht widerstehen kann. So einsam, sage ich mir selber, indem ich diesen ganz nackten Gipfel hinabsehe und kaum in der Ferne am Fuße ein geringwachsendes Moos erblicke, so einsam, sage ich, wird es dem Menschen zumute, der nur den ältesten, ersten, tiefsten Gefühlen der Wahrheit seine Seele eröffnen will.

(Aus dem Aufsatz Über den Granit, der auf die Harzreise des Winters 1777 zurückgeht und 1784 veröffentlicht wurde.)

Wilhelm sah mit Entsetzen in den qualvollen Abgrund eines dürren Elendes hinab, wie man in den ausgebrannten hohlen Becher eines Vulkans hinunterblickt. (Wilhelm Meisters Lehrjahre, 2. Buch 1. Kap., 1794—96.)

Das „Journal- und Tageblattsverzetteln" bringt Schaden, denn das Gute, was dadurch gefördert wird, muß gleich vom Mittelmäßigen und Schlechten verschlungen werden. Das edelste Ganggestein, das, wenn es vom Gebirge sich ablöst, gleich in Bächen und Flüssen fortgeschwemmt wird, muß wie das schlechteste abgerundet und zuletzt unter Sand und Schutt vergraben werden. (An C. Fr. von Reinhard, d. 25. Januar 1813.)

Und wie den Marmor selbst der Tropfen Folge höhlt,
So töt' ich endlich das Gefühl.
(Des Epimenides Erwachen I, 7, 1814.)

Soll ich von Smaragden reden? . . .
Also sag' ich, daß die Farbe
Grün und augerquicklich sei! . . .
Immerhin! du magst es lesen!
Warum übst du solche Macht!
So gefährlich ist dein Wesen,
Als erquicklich der Smaragd.
(West-östlicher Divan, Bedenklich, 1815. Gegensatz zwischen dem augenerquickenden Smaragd und dem bösen Wesen der Geliebten.)

Man freut sich mit Recht, wenn die leblose Natur ein Gleichnis dessen, was wir lieben und verehren, hervorbringt. Sie erscheint uns in Gestalt einer Sibylle, die ein Zeugnis dessen, was von Ewigkeit her beschlossen ist und erst in der Zeit wirklich werden soll, zum voraus niederlegt. (Wilhelm Meisters Wanderjahre, 1. Buch, 4. Kap., 1821. Bezieht sich auf den Kreuzstein von St. Jago di Campostella als Sinnbild des Kreuzes Christi.)

Gestehen will ich denn auch, daß gerade diesen Sommer, wo ich das Marienbader Gestein abermals durchsah und ordnete, mir jene schönen Stunden wieder aufs lebhafteste hervortraten, als die lieben Freundinnen sogar der starren Neigung des Bergkletterers und Steinklopfers freundlich zulächelten und auch liebenswürdig auflachten, wenn die duftenden, genießbaren tafelförmigen Kristallisationen [von ihm für die jungen Mädchen versteckte Tafeln Schokolade] sich hie und da eingereihet fanden. (An Frau von Levetzow, d. 29. August 1827.)

Nun meldet mir Salinendirektor Glenck, er habe . . . in einer Teufe eines Bohrlochs von 1170 Fuß . . . Kristallsalz angetroffen . . .

Es ist doch wunderlich, daß eine majestätische Wünschelrute das voraus befehlen konnte, was nach so vielen Jahren in größter Teufe sich erprobt. (An Zelter, d. 13. November 1829. Die Wünschelrute ist Friedrich der Große, der Nachforschungen nach Steinsalz für sein Land — allerdings damals ohne Erfolg — befohlen hatte.)

Erkältete nur das unglückliche Wetter nicht noch die Betrachtung des Gesteins [Kobaltformation von Schneeberg], das denn doch eigentlich keine Wärme mit sich führt. Diese möge denn aber im freundschaftlichen Innern niemals erlöschen. (An Soret, d. 9. Juni 1831.)

Amerika, du hast es besser
Als unser Kontinent, das alte,
Hast keine verfallene Schlösser
Und keine Basalte.
Dich stört nicht im Innern,
Zu lebendiger Zeit,
Unnützes Erinnern
Und vergeblicher Streit.

(Den Vereinigten Staaten, 1831.)

E. Biologie. Botanik. Medizin.

Vielfältiges Leben.

Eine Gleichnisrede aus der Wetzlarer Zeit. Der junge Goethe wollte in der Erörterung über den damaligen Zustand der Literatur versinnbildlichen, daß jede Epoche neben hervorragenden Schriftstellern auch geringere hervorbringen müsse: Die Kehle der Nachtigall wird durch das Frühjahr aufgeregt, zugleich aber auch die Gurgel des Kuckucks. Die Schmetterlinge, die dem Auge so wohltun, und die Mücken, welche dem Gefühl so verdrießlich fallen, werden durch eben die Sonnenwärme hervorgerufen. Er fuhr dann vor denselben Genossen fort, die literarischen Erscheinungen mit Naturprodukten zu vergleichen. Sinnbilder der charakterlosen Literatoren wären die Mollusken. Diese seien Geschöpfe, denen man zwar . . . eine gewisse Gestalt nicht ableugnen könne; da sie aber keine Knochen hätten, so wüßte man doch nichts Rechts mit ihnen anzufangen, und sie seien nichts Besseres als ein lebendiger Schleim. Weiterhin werden dieselben Literatoren mit dem Efeu verglichen. Wie jene [die Mollusken] keine Knochen, so hat dieser keinen Stamm, mag aber gern überall, wo er sich anschmiegt, die Hauptrolle spielen. An alte Mauern gehört er hin, an denen ohnehin nichts mehr zu verderben ist . . . Die Bäume saugt er aus, und am allerunerträglichsten ist es mir, wenn er an einem Pfahl hinaufklettert und versichert, hier sei ein lebendiger Stamm, weil er ihn umlaubt habe. (Diese für die Art des jungen Goethe höchst bezeichnende Gleichnisrede stammt aus dem Jahre 1772, vgl. Dichtung und Wahrheit, 12. Buch.)

Goethe schreibt: ... einen jungen zahmen Steinbock gesehen ..., der sich unter den Ziegen ausnimmt wie der natürliche Sohn eines großen Herrn, dessen Erziehung in der Stille einer bürgerlichen Familie aufgetragen ist. (Briefe aus der Schweiz, d. 5. November 1779.)

Gebären.

Denn freilich mag ich gern die Menge sehen,
Wenn sich der Strom nach unsrer Bude drängt
Und mit gewaltig wiederholten Wehen
Sich durch die enge Gnadenpforte zwängt.
(Faust I, Vorspiel auf dem Theater, 1808.)

Ausbrüten.

Das ist Weibergunst! Erst brütet sie mit Mutterwärme unsere liebsten Hoffnungen an; dann, gleich einer unbeständigen Henne, verläßt sie das Nest und übergibt ihre schon keimende Nachkommenschaft dem Tode und der Verwesung. (Götz von Berlichingen, 2. Akt, 1771.)

Wenn die Hennen so lange über den Eiern säßen, als ich mich mit diesen Dingen [der Zwischenkieferuntersuchung] beschäftige, ohne daß es ein Ende wird, die jungen Hühner müßten teuer sein. (An Caroline Herder, d. 3. Dezember 1784.)

Reifen.

Der braune Kern der Edelkastanie reift im Innern der Schale:

Er möchte Luft gewinnen
Und säh' die Sonne gern.
Die Schale platzt, und nieder
Macht er sich freudig los;
So fallen meine Lieder
Gehäuft in deinen Schoß.
(Westöstlicher Divan. Buch Suleika. 1815.)

Okulieren.

Ein entschiedenes Aperçu ist wie eine inokulierte Krankheit anzusehen; man wird sie nicht los, bis sie durchgekämpft ist. (Geschichte der Farbenlehre, Konfession des Verfassers, 1810. Gemeint ist sein Gewahrwerden, daß die Lehre Newtons falsch sei.)

Es bedurfte nur einer geringen Anregung, um auch mir diese Krankheit [die alchemistischen Studien] zu inokulieren. (Dichtung und Wahrheit, 8. Buch, 1812.)

Alter.

Gott, der die Zeit erneut, erneure auch Ihr Glück,
Und kröne Sie dies Jahr mit stetem Wohlergehen,
Ihr Wohlsein müsse lang so fest wie Zedern stehen.

(Neujahrsgedicht des siebenjährigen Knaben für die Großeltern Textor, Neujahr 1757.)

Das Alter stockt wie ein bejahrter Baum,
Und wenn er nicht verdorrt, scheint er derselbe.
Aus deiner lieblichen Gestalt, du süßer Knabe,
Entwickelt jeder Frühling neue Reize.

(Elpenor II 2, 1783.)

Sehr schnell sind diese Tage
Mir hingeflohn. Wie eine Flamme, die
Nun erst den Holzstoß recht ergriffen,
Verzehrt die Zeit das Alter schneller als die Jugend.

(Elpenor I 2, 1783.)

Regeneration (Häutung) und Heilkunde.

Ich habe das Zeug [kleine Dichtungen aus früherer Zeit] heute früh durchgeblättert, es dünkt einen sonderbar, wenn man die alt abgelegten Schlangenhäute auf dem weißen Papier aufgezogen findet. (An Frau von Stein, d. 14. Mai 1779.)

O Lotte, was für Häute muß man abstreifen, wie wohl ist mir's, daß sie nach und nach weiter werden, doch fühl' ich, daß ich noch in manchen stecke. (An Frau von Stein, d. 9. Oktober 1781. Bezieht sich auf seine Selbsterziehung unter ihrem Einfluß.)

Sie [die Mäkler und Neider] zerren an der Schlangenhaut,
Die jüngst ich abgelegt.
Und ist die nächste reif genung,
Abstreif' ich die sogleich
Und wandle, neubelebt und jung,
Im frischen Götterreich.

(Zweite Reihe der Zahmen Xenien, 1820—27.)

Die Geschäfte sind polypenartig: wenn man sie in hundert Stücke zerschneidet, so wird jedes einzelne wieder lebendig. (An Schiller, d. 27. Juli 1799.)

Wie man aber Verletzungen und Krankheiten in der Jugend rasch überwindet, weil ein gesundes System des organischen Lebens für ein krankes einstehen und ihm Zeit lassen kann, auch wieder zu gesunden, so traten körperliche Übungen glücklicherweise bei mancher günstigen Gelegenheit gar vorteilhaft hervor, und ich ward zu frischem Ermannen ... aufgeregt. (Dichtung und Wahrheit, 12. Buch, 1814.)

Wir flicken unsere alten akademischen Zustände und, nach Eigenschaft lebendiger Wesen, so ist auch hier jene Hilfe die beste, die sich, bei geringer Anregung, die Natur selbst gibt. (An Schelling, d. 29. November 1803.)

Das Büchlein [Steffens, Grundzüge der philosophischen Naturwissenschaften] hat zwar an seiner Vorrede einen honigsüßen Rand, an seinem Inhalte aber würgen wir andere Laien gewaltig. Gebe nur Gott, daß es hinterdrein wohl bekomme. Vielleicht geht es damit wie mit den Brunnenkuren, an denen die Nachkur das Beste sein soll, d. h. doch wohl, daß man sich dann erst wieder gesund befindet, wenn man sie völlig aus dem Leibe hat. (An F. A. Wolf, d. 31. August 1806.)

Aber auch ist's im Moralischen wie mit einer Brunnenkur, alle Übel im Menschen, tiefe und flache, kommen in Bewegung, und das ganze Eingeweide arbeitet durcheinander. (An Frau von Stein, d. 30. November 1779.)

Lenz ist unter uns wie ein krankes Kind, und Klinger wie ein Splitter im Fleisch, er schwärt und wird sich herausschwären, leider. (An Lavater, d. 16. September 1776.)

Das Volk jauchzt über seines Landesherrn Gegenwart, und alle alten Übel werden, wie die Schmerzen eines Gichtischen nach einer Debauche, in unzähligen Suppliken lebendig. (An Frau von Stein, d. 21. September 1780.)

Ich habe mich recht mit Steinen angefüttert, sie sollen mir, denke ich, wie die Kiesel dem Auerhahn, zur Verdauung meiner übrigen schweren Winterspeise helfen. (An Frau von Stein von der 2. Harzreise, d. 24. September 1783.)

Drei Gleichnisse aus der Chirurgie:

Man fürchte sich ja nicht vor den Folgen eines männlichen Schrittes ... Mit dem Verbot des Blattes [der von Oken herausgegebenen Zeitschrift Isis] wird das Blut auf einmal gestopft; es ist männlicher, sich ein Bein abnehmen zu lassen, als am kalten Brande zu sterben. (An Karl August, d. 5. Oktober 1816.)

Werden die schädlichsten Nekrosen diesem Knochensystem ausgemeißelt, so wird sich wohl Bein und Fleisch wiederherstellen ... Aus meinen Gleichnissen sehen Ew. Exz., daß Anatomie wieder bei mir aufwacht. (An C. G. von Voigt, d. 10. April 1817, bezieht sich auf die Universitätsangelegenheiten.)

Denn wie sollte eine Nekrose [Schäden der akademischen Bibliothek in Jena] geheilt werden, wenn man nicht Mut hat, den toten Knochen auszumeißeln und dem lebendigen die Heilung zu überlassen durch Kräfte, die er bisher leider nur anwendete, das völlige Verderben nur zu verspäten. (Votum vom 30. Oktober 1817, zuerst veröffentlicht von C. Vogel, Goethe in amtlichen Verhältnissen, 1834.)

Symbiose.

Wenn die Blattläuse auf den Rosenzweigen sitzen und sich hübsch dick und grün gesogen haben, dann kommen die Ameisen und saugen ihnen den filtrierten Saft aus den Leibern ... und wir haben's so weit gebracht, daß oben immer in einem Tage mehr verzehrt wird, als unten in einem beigebracht (organisiert) werden kann. (An Knebel, d. 17. April 1782, bezieht sich auf die Aussaugung der Bauern durch die Regierenden.)

Gleichnisse von dem in jener Zeit für einen echten Schmarotzer geltenden Efeu.

Die Elegie Amyntas. Der Held der Dichtung erzählt dem Arzte Nikias, der ihn mit hartem Mittel aus verderblichen Liebesbanden lösen will, ein Gleichnis. Er habe einen Apfelbaum angetroffen, der durch den ihn umschlingenden Efeu fast zum Verdorren gebracht war. Mit scharfem Messer wollte er die Schlingpflanze entfernen. Darauf habe der Baum klagend die Schädigung durch die Arge zugegeben:

Nahrung nimmt sie von mir; was ich bedürfte, genießt sie,
Und so saugt sie das Mark, sauget die Seele mir aus.

Dennoch aber wolle er den gefährlichen Gast behalten, denn er liebe ihn über alles. Amyntas fährt fort, er habe darauf sein Messer von dem Baume zurückgezogen. So möge der Arzt auch ihn, der sich in liebender Lust willig verzehre, schonen: Wer sich der Liebe vertraut, hält er sein Leben zu Rat? (Amyntas, 1797. Erfahrungen des Dichters aus seiner Gewissensehe mit Christiane Vulpius liegen zugrunde Vgl. auch das Tagebuch der Reise in die Schweiz, 1797.)

Efeu und ein zärtlich Gemüt
Heftet sich an und grünt und blüht,
Kann es weder Stamm noch Mauer finden,
Es muß verdorren, es muß verschwinden.

(Sprüche in Reimen, 1815.)

Pflanzenentwicklung.

Der Keim jener unternommenen Arbeit fängt an zu quellen und sich zu ramifizieren, diese ersten organischen Operationen deuten aber schon auf ein weitläufiges Werk. (An F. A. Wolf, d. 1. September ?.)

Von Deinem Georg habe ich immer das Beste gehofft und war unzufrieden mit Euch, daß Ihr immer unzufrieden mit dem Kinde wart. Ein Blatt, das groß werden soll, ist voller Runzeln und Knittern, ehe es sich entwickelt; wenn man nicht Geduld hat und es gleich so glatt haben will wie ein Weidenblatt, dann ist es übel. (An Fr. Jacobi, d. 3. September 1788.)

Fehlet Bildung und Farbe doch auch der Blüte des Weinstocks,
Wenn die Beere, gereift, Menschen und Götter entzückt.

(Römische Elegien VIII, 1788—90. Vergleich der unscheinbaren Blüte mit der Geliebten, die als Kind den Menschen nicht gefallen habe.)

Insektenmetamorphose.

Wer kann der Raupe, die am Zweige kriecht,
Von ihrem künft'gen Futter sprechen?
Und wer der Puppe, die am Boden liegt,
Die zarte Schale helfen durchzubrechen?
Es kommt die Zeit, sie drängt sich selber los
Und eilt auf Fittichen der Rose in den Schoß.

(Ilmenau 1783. Bezieht sich auf den jungen Herzog.)

Die lebhaftesten und geistreichsten Männer erwiesen sich in diesem Falle [bei der Wahl zwischen freisinniger oder mehr positiver Auffassung des Christentums] als Schmetterlinge, welche, ganz uneingedenk ihres Raupenzustandes, die Puppenhülle wegwerfen, in der sie zu ihrer organischen Vollkommenheit gediehen sind. Andere, treuer und bescheidner gesinnt, konnte man den Blumen vergleichen, die, ob sie sich gleich zur schönsten Blüte entfalten, sich doch von der Wurzel, von dem Mutterstamme nicht losreißen. (Dichtung und Wahrheit, 8. Buch, 1812.)

Anstatt durch diese neue Ansicht begeistert, aus jenem Chrysalidenzustand sich herauszureißen, sucht er die schon erwachsenen und entfalteten Glieder aufs neue in die alten Puppenschalen unterzubringen. (Altes, beinahe Veraltetes, Hefte zur Morphologie, 1817—1824. Bezieht sich auf einen noch nicht ganz entschiedenen Anhänger der Farbenlehre.)

Im Helenaakte wird an die Sage von dem kaum geborenen Hermes erinnert. Der Schalk habe sofort die elastischen Glieder aus der Hülle gezogen:

Gleich dem fertigen Schmetterling,
Der aus starrem Puppenzwang
Flügel entfaltend behendig schlüpft,
Sonnedurchstrahlen Äther . . . durchflatternd.

(Faust II, 3. Akt, Schattiger Hain, 1827.)

Ich schätzt' Euch damals nicht gering,
Die Raupe schon, die Chrysalide deutet
Den künftigen bunten Schmetterling.

(Faust II, 2. Akt, Studierzimmer, 1828—29.)

Im Anschluß an diese fünf Gleichnisse sei an das tiefsinnige Divangedicht Selige Sehnsucht erinnert, in dem der die Flamme umflatternde und zuletzt verbrennende Schmetterling Sinnbild ist für das geistige Stirb und Werde des Menschen.

Pflanzenphysiologie.

Brich du einer Pflanze das Herz aus, sie mag hernach treiben und treiben unzählige Nebenschößlinge; es gibt vielleicht einen starken Busch; aber der stolze königliche Wuchs des ersten Schusses ist dahin. (Clavigo IV, 2, 1774. Bezieht sich auf die Zukunftsaussichten Clavigos und ihre Schädigung durch die beabsichtigte Heirat.)

Hernach fand ich, daß das Schicksal, da es mich hierher pflanzte, vollkommen gemacht hat, wie man's den Linden tut; man schneidet ihnen den Gipfel weg und alle schönen Äste, daß sie neuen Trieb kriegen, sonst sterben sie von oben herein. Freilich stehn sie die ersten Jahre wie Stangen da. (An Frau von Stein, d. 8. November 1777.)

Mit meiner Schwester ist mir so eine starke Wurzel, die mich an der Erde hielt, abgehauen worden, daß die Äste von oben, die davon Nahrung hatten, auch absterben müssen. Will sich in der lieben Fahlmer [mit der sich der durch den Tod Cornelias Witwer gewordene Schlosser soeben verlobt hatte] wieder eine neue Wurzelteilnehmung und -befestigung erzeugen, so will ich auch von meiner Seite mit Euch den Göttern danken. (An die Mutter, d. 16. November 1777.)

Ich denke, der Baum unserer Verwandt- und Freundschaft ist lange genug gepflanzt und fest genug gewurzelt, daß er von den Unbilden der Jahreszeit und der Witterungen nichts mehr zu besorgen hat. (An Frau von Stein, d. 29. Oktober 1780.)

Lothario erzählt, er habe die einstige Geliebte mit einer schönen, an ihr früheres Aussehen erinnernden jungen Muhme und mit einem ihr ähnlich sehenden Töchterchen angetroffen: Und so stand ich in der sonderbarsten Gegenwart, zwischen der Vergangenheit und Zukunft, wie in einem Orangenwalde, wo in einem kleinen Bezirk Blüten und Früchte stufenweis nebeneinander leben. (Wilhelm Meisters Lehrjahre, 7. Buch, 7. Kap., 1796.)

So sahen wir denn auch unseren trefflichen Batsch [Naturgeschichtsprofessor in Jena] dieses Jahr in tätiger Zufriedenheit. Der edle, reine, aus sich selbst arbeitende Mann bedurfte, gleich einer saftigen Pflanze, weder vieles Erdreich noch starke Bewässerung, da er die Fähigkeit besaß, aus der Atmosphäre sich die besten Nahrungsstoffe zuzueignen. (Tag- und Jahreshefte 1796.)

Es käme jetzt nur auf einen ruhigen Monat an, so sollte das Werk [Faust] zu männiglicher Verwunderung und Entsetzen wie eine große Schwammfamilie aus der Erde wachsen. (An Schiller, d. 1. Juli 1797.)

Eine Lieblingspflanze Goethes war das tropische Bryophyllum calycinum. Das unscheinbare Gewächs erschien ihm wegen der zahlreichen Brutknospen an seinen Blatträndern, aus denen sich noch vor der Trennung von der Mutterpflanze Tochterpflänzchen entwickeln, als Sinnbild unermüdlichen Sprossens und Sichverjüngens. Aus diesem Grunde überreichte er gern selbstgezogene Exemplare nahestehenden Personen. Die beiden folgenden Gleichnisse entstammen den Begleitschreiben zu solchen Gaben:

Möge alles, was Höchstdieselben vornehmen und stiften, wie bisher nach allen Seiten Wurzel schlagen und jedes Blatt vielfach neue Pflanzen hervorbringen. (An Karl August, d. 29. Dezember 1818.)

Wie aus *einem* Blatt unzählig
Frische Lebenszweige sprießen,
Mögst in *einer* Liebe selig
Tausendfaches Glück genießen.

(An Marianne von Willemer: Mit einem Blatt Bryophyllum calycinum, 1830; vgl. auch das zweite Gedichtchen mit gleichem Titel von 1826.)

Vielleicht sahen die Kotyledonen jener Saat [Verbreitung von Menschenkenntnis und Menschenliebe durch Lavaters Wirken] etwas wunderlich aus; der Ernte jedoch, woran das Vaterland und die Außenwelt ihren Anteil freudig dahinnahm, wird in den spätesten Zeiten noch immer ein dankbares Andenken nicht ermangeln. (Kampagne in Frankreich, 1822.)

Die Anfänge des Wilhelm Meister wird man in dieser Epoche auch schon gewahr, obgleich nur kotyledonenartig; die fernere Entwicklung und Bildung zieht sich durch viele Jahre. (Tag- und Jahreshefte bis 1780, 1830.)

Meine Farbenlehre, die bisher an dem Altar der Physik wie ein toter Knotenstock gestanden, fängt an zu grünen und Zweige zu treiben; in guten Boden gepflanzt, wird er auch Wurzel schlagen. (An S. Boisserée, d. 6. September 1822.)

Mollusken.

Wie die Muscheln schwimmen, wenn sie ihren Körper aus der Schale entfalten, so lern' ich leben, indem ich das in mir Verschlossene sacht' auseinanderlege. (An Frau von Stein, d. 31. März 1782.)

Nun richte ich mich auf den Winter ein und werde wie die Schnecke eine Kruste über meine Türe ziehen und fleißig sein. (An Fr. Jacobi, d. 18. Oktober 1784.)

Perle. Auster.

Wenn unerfahren die Begierde sich
Nach tausend Gegenständen sonst verlor,
Trat ich beschämt zuerst in mich zurück
Und lernte nun das Wünschenswerte kennen.
So sucht man in dem weiten Sand des Meers
Vergebens eine Perle, die verborgen
In stillen Schalen eingeschlossen ruht.

(Torquato Tasso II, 1, 1789.)

Verzeihen Sie, wenn ich ein bißchen stumpf bin. Manchmal komme ich mir vor wie eine magische Auster, über die seltsame Wellen weggehen. (An Frau von Stein, d. 8. März 1808.)

Systole und Diastole.

Zu den Lieblingsallegorien Goethes gehören, wie schon gesagt wurde, die in gegensätzlichem Wechsel erfolgenden Herzbewegungen, die Systole und Diastole, sowie die Atembewegungen, das Aus- und Einatmen. Hierauf beruhen die folgenden sechs Gleichnisse:

Das Geeinte zu entzweien, das Entzweite zu einigen, ist das Leben der Natur; dies ist die ewige Systole und Diastole, die ewige Synkrisis und Diakrisis, das Ein- und Ausatmen der Welt, in der wir leben, weben und sind. (Farbenlehre, 5. Abteilung, Verhältnis zur allgemeinen Physik, 1810.)

Im Atemholen sind zweierlei Gnaden:
Die Luft einziehen, sich ihrer entladen.
Jenes bedrängt, dieses erfrischt;
So wunderbar ist das Leben gemischt.
Du, danke Gott, wenn er dich preßt,
Und dank' ihm, wenn er dich wieder entläßt.

(Westöstlicher Divan, Buch des Sängers, 1815.)

Unser Theater hat nun seine Systole. Ich behandle es bloß als Geschäft, glückt es aber, so wollen wir im nächsten Winter schon uns wieder diastolisierend erweisen. (An Zelter, d. 7. November 1816.)

Wer zuerst aus der Systole und Diastole, zu der die Retina gebildet ist, aus dieser Synkrisis und Diakrisis, mit Plato zu sprechen, die Farbenharmonie entwickelte, der hat die Prinzipien des Kolorits entdeckt. (Maximen und Reflexionen, 1818—1827.)

Denken und Tun, Tun und Denken, das ist die Summe aller Weisheit . . . Beides muß wie Aus- und Einatmen sich im Leben ewigfort hin und wider bewegen; wie Frage und Antwort sollte eins ohne das andere nicht stattfinden. (Wilhelm Meisters Wanderjahre, 2. Buch, 9. Kap., 1821.)

Sondern und verknüpfen, d. h. die analytische und die synthetische Methode, sind zwei unzertrennliche Lebensakte ... Vielleicht ist es besser gesagt, daß es unerläßlich ist, man möge wollen oder nicht, aus dem Ganzen ins Einzelne, aus dem Einzelnen ins Ganze zu gehen, und je lebendiger diese Funktionen des Geistes, wie Aus- und Einatmen, sich zusammen verhalten, desto besser wird für die Wissenschaft und ihre Freunde gesorgt sein. (Principes de Philosophie zoologique II, 1831—1832.)

Blutgefäße.

Im allgemeinen kann ich wohl sagen, daß das Gewahrwerden großer produktiver Naturmaximen uns durchaus nötigt, unsere Untersuchungen bis ins Allereinzelste fortzusetzen; wie ja die letzten Verzweigungen der Arterien mit ihren verschwisterten Venen ganz am Ende der Fingerspitzen zusammentreffen. (An W. von Humboldt, d. 1. Dezember 1831.)

Ich finde mich im hohen Alter sehr glücklich, daß ich das Neueste in den Wissenschaften nicht zu bestreiten nötig habe, sondern durchaus mich erfreuen kann, im Wissen eine Lücke ausgefüllt und zugleich die lebendigen Ramifikationen der Wissenschaft sich anastomosieren zu sehen. (An Wackenroder, d. 21. Januar 1832. Studium und Wissenschaft verzweigen sich immer mehr, vereinigen sich aber am Ende auch wieder zur Lösung gemeinsamer Probleme; dies ist der Sinn beider Gleichnisse, der in dem Bilde der Verästelung der Blutgefäße und der Anastomosierung zum Ausdruck kommt.)

IV. Schlußwort.

Die naturwissenschaftlichen Gleichnisse GOETHES sind in ihrer Bedeutung bisher nicht beachtet worden[1]. Es liegt dies wohl daran, daß diejenigen, die sich in erster Linie mit der Persönlichkeit des Dichters und der Erklärung seiner Werke beschäftigt haben, im allgemeinen Literaturhistoriker und Philologen waren und für den naturwissenschaftlichen Ein-

[1] Daß ARNOLD BERLINER das Verdienst hat, als erster auf sie hingewiesen zu haben, ist bereits am Anfang dieses Aufsatzes gesagt worden. Erwähnt sei noch eine Arbeit von MICHEL CORDAY, „l'Image scientifique en littérature, la Revue de Paris tome 5, 1904", in der aber, von den Wahlverwandtschaften abgesehen, GOETHES Schriften nicht genannt werden.

schlag, der in allen seinen Schriften, insbesondere auch in den rein poetischen, eine Rolle spielt, nicht die genügende Anteilnahme besaßen. Bei aller Hochschätzung der Leistungen dieser Männer muß dies einmal gesagt werden. Es sei in diesem Zusammenhange an ein Wort des Meisters erinnert; es steht in der „Italienischen Reise“ und heißt: „PLATO wollte keinen *ἀγεωμέτρητον* in seiner Schule leiden; wäre ich imstande, eine zu machen, ich litte keinen, der sich nicht irgendein Naturstudium ernst und eigentlich gewählt.“ Vielleicht wollte GOETHE mit diesem Ausspruch andeuten, daß er bei seinen Lesern und vor allem bei denen, die ihn deuten wollen, eine tiefere naturwissenschaftliche Bildung für wünschenswert halte. Daß dies wirklich seine Meinung war, geht daraus hervor, daß er sich in den „Maximen und Reflexionen“ noch einmal in gleichem Sinne geäußert hat. Tatsächlich wird niemand dem großen Manne voll gerecht werden, wenn er in ihm nur den Dichter und höchstens im Hintergrunde den Forscher sieht. Was GOETHE charakterisiert, ist vielmehr, daß schöpferische Phantasie und wissenschaftlicher, auf Naturerkenntnis abzielender Sinn in ihm nicht nebeneinander und getrennt bestanden, sondern zu einer Einheit höherer Art verschmolzen waren. Nur ein Dichter, der gleichzeitig in tiefster Seele der Erforschung der Sinneswelt ergeben war, konnte beispielsweise jenes tiefsinnige Gedicht „Bei Betrachtung von SCHILLERS Schädel“ schreiben, jene Verse, die mit der Schilderung des Totengebeins beginnen, dann in ihm die „gottgedachte Spur“ und den „heiligen Sinn“ schauen und schließlich mit der erhabenen Vorstellung der „Gott-Natur“ endigen, in der das „Feste“, d. h. die Materie, und das „Geisterzeugte“, d. h. die Idee, ineinander übergehen und zusammenfließen. Wie hier ist auch sonst in seinen Dichtungen immer wieder naturwissenschaftliche Beobachtung und Erkenntnis zu finden, und zwar nicht als ein äußerlich beigemischtes Element, sondern als ein wesentlicher, aus dem Ganzen nicht zu scheidender Bestandteil. Man braucht nur hineinzublicken in die Gedichte der Reihe „Gott und Welt“, um dies bestätigt zu finden, und nicht minder spricht in den „Wahlverwandtschaften“, in den „Wanderjahren“ und vor allem im „Faust“ immer wieder im Bunde mit dem Dichter der Naturforscher zu uns. Ähnliches gilt von den naturwissenschaftlichen Gleichnissen, dem Gegenstand dieser Betrachtung: ihre Eigenart ist anders als die der genannten hohen Dichtungen, aber gleich ihnen — wenn auch in schlichterer Form — sind sie lebendige Zeugnisse von der Wesenheit des Dichters, eben der Einheit und Untrennbarkeit von schöpferischer Phantasie und naturwissenschaftlichem Geiste.

Daß unsere Gleichnisse für die GOETHE-Forschung Beachtung verdienen, hat bereits ARNOLD BERLINER (vgl. die Einleitung) ausgesprochen. Hinzugefügt sei, daß sie auch für die Geschichte der Naturwissenschaft eine gewisse Bedeutung haben. Wie eingangs gesagt worden ist, hat sich GOETHE in seinen jüngeren Jahren selbst den „ewigen Gleichnismacher" genannt. Unsere Zusammenstellung zeigt, daß dieses Wort prophetisch war. Was ihn bewegte und erfüllte, hat er zeitlebens und bis in seine letzten Tage in Gleichnissen ausgesprochen. Diese — im Zusammenhang und ohne Rücksicht auf das Gebiet, dem sie entstammen, betrachtet — bilden daher geradezu einen Spiegel, in dem sich sein ganzes geistiges Leben abspiegelt. Aus den *naturwissenschaftlichen* Gleichnissen im besonderen ist zu ersehen, welche Fortschritte der Wissenschaft sowie welche der eigenen Studien und Ergebnisse ihm als besonders wichtig und zugleich als dem Leser verständlich erschienen, ferner wie er über mancherlei Grundfragen der Physik, Chemie und Biologie dachte, ja, welche Versuche er selbst angestellt hat, sowie welche Apparate und Verfahren ihm geläufig waren. In ihrer Ganzheit bieten sie daher wertvolle Aufschlüsse über sein wissenschaftliches Denken und ergänzen in mancher Hinsicht seine naturwissenschaftlichen Schriften sowie vor allem die autobiographischen Kapitel, die er ihnen beigegeben hat. Dieses und noch manches dazu haben GOETHES naturwissenschaftliche Gleichnisse dem, der sich in sie vertieft, zu sagen. Wer einmal das noch fehlende Buch über die untrennbare Verbundenheit von Poesie und Naturwissenschaft im Geiste und im Lebenswerk des Meisters schreiben wird, darf daher auch an diesen Zeugnissen nicht vorübergehen.